U0603137

你不奋斗，谁也给不了你美好的生活

焦庆锋 编著

吉林文史出版社
JILINWENSHICHUBANSHE

图书在版编目（CIP）数据

你不奋斗，谁也给不了你美好的生活 / 焦庆锋编著
. -- 长春 : 吉林文史出版社 , 2019.7

ISBN 978-7-5472-6340-2

Ⅰ . ①你… Ⅱ . ①焦… Ⅲ . ①成功心理—通俗读物
Ⅳ . ① B848.4-49

中国版本图书馆 CIP 数据核字 (2019) 第 135619 号

你不奋斗，谁也给不了你美好的生活

NI BUFENDOU，SHEIYE GEIBULIAONI MEIHAO DE SHENGHUO

编　　著 / 焦庆锋
责任编辑 / 孙建军　董　芳
出版发行 / 吉林文史出版社有限责任公司（长春市人民大街 4646 号）
网　　址 / www.jlws.com.cn
版式设计 / 晴晨时代
印　　刷 / 北京欣睿虹彩印刷有限公司
版　　次 / 2019 年 11 月第 1 版　　2019 年 11 月第 1 次印刷
开　　本 / 880mm × 1230mm　1/32
字　　数 / 113 千字
印　　张 / 8
书　　号 / ISBN 978-7-5472-6340-2
定　　价 / 42.80 元

前言

FOREWORD

人生在世，“奋斗”二字占据着重要的分量。你选择了什么，付出了什么，就会有怎样的人生。可是怎样才能无怨无悔、充实地走完自己的人生历程，这是一个值得思考的问题。有一句话写得好：现在就努力，争取自己想要的生活。碌碌无为，只能用大把的时间来应付自己不想要的生活。这句话一针见血地指出了付出与回报的关系。有付出，才会有收获；努力了，才会有回报。当你行动起来后，即便结果不如预期，但奋斗的经历与学到的本领，都是以后宝贵的财富。与其坐而论道，不如起而行之；与其空想明天，不如抓住今天。只有实干，才能收获真正的幸福。

对于我们每个人来说，要想成就自己的事业，只有辛勤奋斗才能成功。有很多年轻人初入社会时，满怀壮志，然而，最终却只有很少的人可以实现梦想。究其原因，树立梦想简单，而实现梦想所需的艰难付出却非人人可以做到。著名艺人杨幂在接受节目访谈时，主持人问她给自己父母买房子时会不会和丈夫商量，杨幂毫不犹豫地说：“不会，因为自己买得起。”此时我们对她很是佩服，可她这句话后的付出，我们可曾知晓？这是杨幂奋斗的结果。只有拼命努力，才能给自己，给家人创造出更好的生活。反观有很多人抱怨自己付出很多，却收获甚少，甚至无功而返，变得自暴自弃，最终也没明白问题出自哪里。其实，为了实现自己的事业梦想，付出是必须的。不必花时间去计较得失，因为不是所有的付出都有等同的回报，它也可以是一种经历。而不去奋斗的成功，更是没有。

"奋斗"二字，意蕴无穷，为此，我们特编撰了这本《你不奋斗，谁也给不了你美好的生活》这本书。它可以激励读者朋友学会努力，活在当下，勤于奋斗，获得成功。文中富含大量哲理性的真实案例，让读者朋友畅享其中，明白生活需要奋斗的重要性，从而从容漫步人生，品味人生精彩！

由于编纂时间仓促，加之水平有限，编写过程中难免发生纰漏，还望广大读者批评指正。

目录 | content

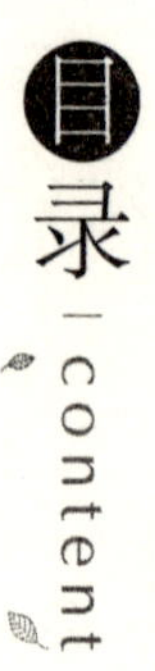

第六章 没有人永远失败，失败是上帝的馈赠，是成功之母 / 133

第七章 把握现在，让自己变得更好 / 179

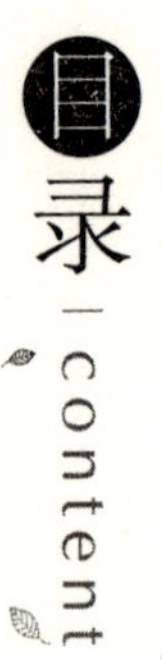

第一章

你的人生不可以一事无成

每个人都有自己的人生。每个人的人生多多少少都有所成。年少的我们充满激情，敢想、敢拼、敢冒险，就好像披着战袍的超人，坚信自己无所不能，世界由我掌握，天地任我遨游，没有什么能阻挡自己奋发的内心和躁动的双脚。我们理直气壮，不懂遮掩，不会藏拙，把自己的野心大大咧咧地摊在世人面前，等待时间的检验。谁要醉生梦死，他就碌碌无为；谁没有理想鞭策，他就永远是一个庸人；谁要随波逐流，他就失去自我；谁不能提高自己，他就永远是一个庸才。有理想，有目标，这样才不会跟着别人走，才不会一事无成。

现在的坚强，成就未来的自己

琳子是我的朋友，同学们都很羡慕她，因为她在高中毕业以后就去韩国留学了。可是，出国留学的日子也是不易，在韩国留学的四年让她的性格变得稳重踏实。

她怀着兴奋、激动的心情踏上了韩国的国土，然而当面对眼前陌生的一切时，心中便被茫然和无措充斥着。在这涌动的人潮之中，她如一粒微不足道的尘埃，语言不通是眼前最大的障碍，她感觉自己和人群分别来自两个不同的世界。她紧紧地抓着自己的行李箱，小心翼翼地环视四周，用仅存的一点儿力气盘算着，现在至关重要的是先找到语言学校。

每天，她都被不安和孤独啃噬着，折磨她的还有学习的压力和生活的负担。卡里的钱已经捉襟见肘，当课堂上自己结巴的回答引来哄堂大笑，又因为水土不服而卧病在床时，她感觉自己真的撑不下去了。那些日子，她待在自己的小屋里，机械地练习韩语，甚至连吃饭都在自己的小屋吃泡面，不和外界接触。她的头发开始大把大把地往下掉，彻夜难眠，一个人对着墙壁自言自语，就像一只孤独的小动物，任何风吹草动都使她忐忑不安。

这种压抑寂寞的生活简直使她窒息，可是她深知自己不能就此狼狈地逃回国内。所以，她只能故作坚强，因为除此以外，她别无选择。

渐渐地，她适应了现在的生活，于是开始冷静地思考自己以后的规划。生活是无比现实的，每天上午，她要上两个小时的课，午饭后还有三个小时的课要上，然后需要花费 1 ～ 2 个小时赶往第一个打工的地点，直到凌晨，再坐夜车回到住的地方，草草洗漱，休息三个小时后，继续赶往第二个打工的地点。为了避免因为睡眠不足而造成的精神不佳，只能靠廉价的咖啡来提神。为了生活，她做过很多种工作，比如看仓库、刷盘子、做柜员，随着自己语言能力的提高，她慢慢可以做很多工作了。在第二年下半段，她已经可以凭借自己的能力很好地生活和学习了。

第一次听到她的经历的时候，我的心中很是震惊，这还是那个自己熟知的自尊心极强的琳子吗?

她看到我的表情，不禁反过来安慰我："我这不是熬过来了嘛，其实就是听起来感觉比较困难，但真正去做的时候，也不感觉很难了。万事开头难，只要熬过了第一年，后来就轻松多了。我的学业并没有被生活所拖累，我还参加了很多社团活动和留学生活动，这也是值得高兴的事情。"

琳子坚韧的性格令我佩服。虽然她喜好安逸，但她凭借自己极强的适应能力，将自己的选择坚持到底。

琳子毕业回国，因为所学专业的关系，她辗转各地，最后在北方的一座城市找到了适合自己的工作，于是安定下来。她在韩国的经历成了此时工作的宝贵经验，她很快便从基层做到了总监的位置。

从琳子的经历可以看出，只要我们足够坚强，哪怕开始是千难万险，当我们目标实现的时候，那就是满目繁花。

每个人都会遇到困境，有时候孤独、痛苦和磨难不得不相伴左右，沮丧、焦虑和绝望时刻萦绕心头，为了现实的生活疲于奔命。

因此，我们不得不面临命运的抉择：是屈服于生活，还是迎难而上呢？

我想，是琳子天生的幽默感和乐观精神帮助了她自己，如若不然，或许她早被残酷的现实击垮。她靠着自己坚强的性格，用自己的巧手将琐碎的生活编织出如今这样一幅绝美的图画。她深知放弃其实很易，但她却避之不及，她也深深懂得生活中存在欺骗，越是看上去轻松，也许你的代价将越大；越是看起来艰难，可能得到的馈赠将越多。

现在的她很感激那段艰难的时光，冰冷的地下室、洗得发白的衣服、卑微的工作、斤斤计较的生活支出、与奢侈品和享受绝缘的生活方式……这些为成就将来的她打下了良好的基础。

或许琳子早就懂得，困难本身没有什么过错，关键在于人们如何去选择。选择正确，就成就了你，一旦踏错，或许就是毁灭。或者说，一个人的遭遇是否能成为自己的财富，取决于一个人是否有心。如果一味抱怨，那些磨难便只会成为负担。如果你静心地汲取每段经历中的营养，它就会成为成长的契机，这就看自己的悟性了。

任何事情无论成功与否，只要我们积极参与，总会有所收

获。这一点一滴收获的积累就可能连接起我们想要的未来。

困难的磨炼使她获得了在正常情况下不可能获得的经历。她获得了很多受益终生的技能，如，制作甜点和绘图；积累了化妆品代购和电子产品代购的经验；她的能力得到了提高，这磨炼了自己的意志。潜藏的能力被挖掘出来，为她带来了实际的生存资本。

换一个角度思考，由于我们对生活的渴求，所以会遇到一些让人焦头烂额的问题，让自己陷入困境。这也是必然的，奔跑就可能跌倒，攀登高峰就必然会觉得艰辛。在通往幸福的道路上布满了荆棘和障碍，我们必须抱有必胜的信心，才能克服一切困难。

有些事，只有错了痛了，才会有所领悟。困难重重的时候，抬头望望天空，低头看看大地，要坚信没有过不去的坎儿。只要有坚强的毅力，任何困难也阻挡不了我们前进的步伐。

因此，对于生活中的磨难，我们不必抗拒，因为只有经历了，才能找到自己内心所向，增强自己的信心，更重要的是，我们会从中汲取很多营养，提升自己的技能。

谁都不想一事无成，这些磨难的经历就是我们成长的资本和财富。一个人的背景、经验、资源、知识对于成功固然重要，但最重要的是一个人将困难转化成机会的能力。

每一个成功的人，或许都会有这样的经历。我们不能停止自己前进的步伐，要脚踏实地，把眼前的事情做好。无论怎样，一个有责任心的人，好运气会时常伴随左右。你不必纠结生活的坎坷，只要问心无愧地走下去，生活就会日渐变得充满阳光。

或许我们要找的答案不在终点。而整个找寻的过程会因为我们是什么样的人而得到体现，会因为我们具备怎样的品质而展现。

诗人冰心曾说：

“成功的花，

人们只惊羡她现时的明艳！

然而当初她的芽儿，

浸透了奋斗的泪泉，

洒遍了牺牲的血雨。”

无论何时何地，不必卑微，更不必失望，因为只要我们对

自己的未来足够负责，真诚地对待生活，这些生活的波折和挫败就会成为别人欣赏和羡慕的理由。因此，不必惧怕付出，付出和得到是成正比的。

热爱是安稳的基石

“阿冰，我终于能够自由飞翔了！”小芝那欢呼雀跃的声音从电话那头传来，我的心中甚是疑惑不解。

“辞职了？”我知道她不满意现在的工作。她在事业单位上班，虽然在大多数人的眼里，这安稳体面的工作是耗费了她很大的精力才考上的，其实这也仅是给煞费苦心的父母一个交代而已。

“不是辞职，而是辞退！其实，我得谢谢陷害我的那个人。”那兴奋的语气足以体现她是发自内心的高兴，“我们去庆祝庆祝吧！”

她终于可以做自己喜欢的事情了：成立自己的摄影工作室。

在这个墨守成规的小镇，人们最羡慕的就是一份稳定的工作和收入（仅限公务员、事业单位）。然后结婚生子，日子平平淡淡，偶尔的生活惊喜，家长里短、八卦娱乐，琐碎而充实。

这也是小芝放弃民企而拼命进入事业单位的原因。她为了父母的良苦用心，放弃了与世俗对抗。

或许这样的小芝不会快乐，但我知道她很优秀，她没有停止自己的步伐。她知道不应该因为一个头衔而将自己的人生框定在有限的空间内，不该因为世俗的想法而放弃自己期待已久的未来。大学期间的她，是何等的努力与奋斗，连续三年获得国家奖学金，摄影作品经常见诸报端，还曾获得过一些颇具影响力的奖项，即使是上山下海，也要拿到一手素材，并且为了积累经验，利用寒暑假兼职实习。我知道她绝不会安于现在的安逸生活。

当初她放弃大城市的生活回到家乡进入体制内工作的时候，她曾经说过："不管当初如何轰轰烈烈，最后还不是要回归家庭，平淡地生活呢！在哪里也是混口饭吃。"

当别人还在为找不到工作而发愁，为没有达成绩效而被淘汰，为一个项目奔波忙碌，或者为一个展览殚精竭虑时，小芝正在自己的办公室里喝茶看报纸、悠闲地浏览网页。看上去小芝的生活悠闲安稳，但她的心却愈加纠结，就如那河水中的浮萍，无可奈何地随波逐流。她的内心开始陷入无法排解的后悔之中。

摆在我们面前的困难并不可怕，可怕的是我们就此认命，这相当于一个人割裂了通向未来道路的种种可能。毕竟如果就此止步，命运就会定格于此，就会定格在我们曾拼尽全力想要逃离的此刻，这或许就是一种极大的讽刺吧！

"我自以为现在的生活非常安逸，可是，不知道为什么，内心却如此痛苦！"小芝把自以为安逸的生活维持了仅仅一年时间，最终还是亲手打破。

在这期间，她变得非常敏感和焦虑，开始变得烦躁不堪。与别人交流时，她会敏感地流泪，她也知道自己出了问题，不是身体，而是心里，她的病在心上。

医院的诊断结果证实了她自己的想法。

她后来总结说："没有热爱，何谈安稳？心无居所，亦是漂泊。"

当我们踏步向前，即使目标遥不可及，却因为笃定而甘之如饴；当生活变得平淡无味，即使安逸，也会变得茫然而苦不堪言。

对于小芝来说，安逸的生活变得压抑，因为缺乏方向而找不到共鸣，更得不到认可。或许这痛苦会一点儿一点儿地把人毁掉。

其实，过什么样的生活都没有什么不好，而不好的是这种生活是不是出自你的本心。如果不是出自本心，就会选择逃避，逃来逃去，始终逃不出痛苦的心境，因为你不甘心，但自己却失去了选择的权利，最终会变得麻木不仁，把生活过得如同一团乱麻。

比背负压力地赶路更累的是什么？是没有期待地躺着。

生活中布满了荆棘和坎坷。它不可能完全公平，也不可能泾渭分明，我们总是在后来才明白自己的选择意味着什么，而经历却无法改写，所以世界上是没有后悔药的。但我们要清楚，所有事情的结果都是缘于一个因。

在这次心病治好之后，小芝开始整理自己的思绪，她犹豫再三，始终下不了这个决心，这就是有的人懦弱，有的人坚强的缘故吧！

还好是这样的“事故”解救了她，让她终于下定了放弃的决心，使她的心不再焦虑、不再冲突，真正过上了自己想要的生活。

小芝的骄傲和不凡不允许她过安逸的生活，不允许她无所事事，而她的自尊无法忍受自己对现状屈服。这样就避免了她自我囚禁，从而活得踏实自在。

当下最重要的就是一定要问问自己的本心，知道自己想要的是什么，并且要为了目标全力以赴。不要敷衍了事，懒惰放弃，这个选择权尽在自己手中。哪怕我们走了弯路，庆幸的是，我们还有时间来改正，生活会用亲身体验来教会我们对待它的正确方式。

请谨记：真正的安稳是什么？是心落地，而非脚止步。凡是抗拒的，哪怕看上去固若金汤，也不过是一座瑰丽的牢笼；凡热爱的，哪怕看起来多么简陋危险，也是最舒适温暖的城堡。

理想，是人不断向上的车轮

我过去信奉的是“差不多”，凡事感觉差不多就行，“够用就好”，没有什么野心，生活凑合凑合就能过去：平常的饭菜，网上淘来的衣包，装饰简单的房间，素颜的自己。当然，

自己也非常羡慕那些令人垂涎的大餐、美丽的华服、富丽堂皇的房子以及说走就走的旅行，但也只是羡慕而已，日后照常过自己的凑合生活。

我非常清楚自己的处境，自己没有能力过上让人羡慕的生活。记得初次到商场，琳琅满目的商品，令人咋舌的价格，心底的卑微瞬间充满胸膛，紧张得连四处打量的勇气也消失殆尽，更别提什么购物的愉悦了。我深知穷人的无奈和挣扎，囊中羞涩不得不精打细算。但是，公主是跟我截然不同的人。她总是以最好的妆容和状态展现在我们的面前，衣着华丽，气质优雅，总是带给人一股雄霸天下的气势。在她的眼中，价钱不是问题，

重要的是自己喜欢。我很喜欢她家的气氛，空间不大，但温馨异常。所有能够让生活更便利的小物件、高科技产品，都能在这里找到。看上去，没有人会想到她也曾经有一文不名、狼狈不堪的20岁。

“我不想敷衍生活，如果要，就要最好的东西。”她曾试图改变我的想法，“况且，人只要有了过好生活的欲望，就会催生强大的力量，使我们突破限制，挑战自我极限，比别人更坚强，比以往更努力，获取为理想的生活买单的能力。”

公主为了过更好地生活，竟然把自己逼到了尘埃里，把自己陷于绝境当中。

大学期间，她想靠兼职和奖学金来买台电脑，但是她很快发现，自己的这个想法并不高明，因为她想要的不只是一台电脑，而是它所象征的生活方式。于是她不得不另辟蹊径。

她开始疯狂地联系那些师兄师姐，因为通过他们，她可以获得一些难得的工作内推机会；她联系校内留学生，为他们辅导汉语；还联系导师，争取做科研的机会来补贴生活。为了增进与他们之间的关系，她经常请客吃饭。就在她入不敷出、捉襟见肘的时刻，一个能够用英、德、法和粤语四种语言流利交流的牛人诞生了，她也成功地应聘到一家知名企业做实习生工作。

这样每个月的收入就可以达到正常的生活水平，但她没有就此止步。她开始向认识的人发出讯息：自己可以担任翻译和外国客人的导游工作，但费用是比较高的。

但是，费用高就预示着要付出更多。面对鱼龙混杂的客人，公主承受着对方的不满意、斥责，甚至是侮辱和胡搅蛮缠，即使这样恶劣的工作环境，她仍然像一头饥饿的狮子，不肯放过任何猎物。

“别那么委屈自己，不就是那小几千块钱吗？”

“常话说得好，一分钱难倒英雄汉，更别说几千块了，就是几百几十，我既然答应了，就得做好。为了更好地生活，我只能逼自己一把，其他的无所谓。”

任何人都一样，都经历过难以启齿的困苦生活，都经历过走投无路的绝望，都经历过跌宕起伏的生活，在茫然中摸索前进……历经千山万水，最终来到自己梦寐以求的地方。

我们曾经像一只拼命储备能量过冬的松鼠，虽然弱小，但却从未放弃自己想要的生活。我们跟松鼠不同的是，我们把那些心思藏在了心底而不曾向人透露，那些期望或许因为太遥远，便学会不去观望，因为太过在意而显得格外小心，因为懂得人心复杂，便不肯轻易打开心扉。为了涅槃成凰，我们可以如对待仇敌般对待自己，而且还要假装无所谓。

因为我们坚信：自己不可能会永远落魄，这只是暂时的，而绝非一世！不管现在的我们如何，未来的我们要更好！

一般的人自认为自己缺乏改变命运的能力，所以安于自己穷困潦倒的生活，不会主动去找寻出头的机会。而那些造福的好时机也不会自动送上门来，从而缺少了爱与金钱，甚至缺少了一些运气。人们感觉自己缺少一技之长，所以会生活贫困，自己孤立无援，才会失败。可是，我们知道一些富人也是从穷人起步的，大多数的成功也经历了一次次失败，其实，我们羡慕的那些人当初的处境跟我们也相差无几，可为什么人生却是如此不同呢？

无论生活再怎么狼狈，我们也不缺少后天努力的可能，而我们最缺少的是改变思维、勇气和信心，即做事情的野心。有了欲望，就有了向前的动力，做了才有机会成功，拥有一颗安于现状的心，就注定了一事无成。

一些人之所以贫穷，是因为他从来没有为成为富人而努力；一些人之所以一事无成，是因为他缺乏做事情的欲望。我们不能决定未来，不仅仅是局限于财富的积累。人生的所有成就都始于一个人的欲望，而止于行动。它可以让人们得到自己梦寐以求的东西，成为自己想成为的人。

其实，我们的付出是有意义的，这就是我们时刻保持积极向上态度的源泉，拥有承担一切责任的动力，和战胜种种磨难的法宝。

后来，公主看不惯我生活的样子，就强制带我去参加一些业内宴会。我不得不改变自己，看到做了造型后的自己，也发觉了不一样的自己。在宴会上，我感觉到了另一个世界的存在：食物无比可口，交际可以富有教养，就连洗手间的马桶都可以不再冰冷而充满温暖。

见识过这些以后，感觉原本凑合的生活有些糟糕。终于有一天，我也想拥有那样的生活，而我知道这需要自己全力以赴。

我开始变得有进取心，谋求更高的薪水和职位，寻找更多的赚钱机会，积累了更多的资源和渠道。你看，只是一个心思的转变，一些行动的实施，生活就发生了巨大的变化。

由于我们的改变，当初向往的生活已经得到，不会因为高昂的价格望而却步，不会因为那豪华的装潢而胆战心惊。那些高高在上遥不可及的东西也变得触手可及。我们有能力也有勇气去争取自己想要的东西。然后再回过头来问问自己，对现在的生活是否满意呢？如果此刻你正焦头烂额，或者为情所困，或者正忍气吞声、孤独窘迫、前途渺茫，那么你应该给自己一个赞。

如果我们心存信念，那么我们就有信心得到所有好的东西。而守望和追求自己的成长和成功就是我们这一生的全部意义。

20 岁的我们，本就物质匮乏，为什么还要压抑自己心中的热烈渴望呢？为什么还要限制自己向前的步伐和蓬勃的心而自欺欺人呢？为什么还要选择敷衍自己的一生呢？

年轻是美好的，我们不追求温饱，也不贪图慵懒。我们只要一点念想和不断的坚持，就会让全世界刮目相看。直到我们一点儿一点儿凭借自己的力量，浇灌出希望的花朵，让那些理想落地生根果实累累。

生于忧患，死于安乐

“人生中你最后悔的事情是什么呢？”

在某个杂志上，有一期对全国60岁以上的老人进行抽样调查的问题，结果显示：有75%的人后悔年轻时不够努力，导致一事无成；有70%的人后悔在年轻的时候选错了职业；有62%的人后悔对子女教育不当；有57%的人后悔没有好好珍惜自己的伴侣；还有49%的人后悔没有善待自己的身体。这真是少壮不努力，老大徒伤悲啊！

的确，所有的平庸就是一个个不够努力的缩影。我们最大的敌人不是容颜衰老和磨难，而是一颗安于现状、得过且过的心啊！我们能成就自己，也能毁灭自己。

我们都渴望理想的生活，却安于现状害怕改变，也不愿付出足够的代价。对现在的生活已经习以为常，也不愿做新的尝试，因为固化，所以容易应对，因为熟悉，所以感觉舒适，因为众望所归，所以不会面临反对，而改变现状总是伴随着种种可以预见的阻碍和不可预见的风险。最终，我们安于眼前活过一辈子，却不曾为后人留下什么。

为什么我们一辈子没有什么成就呢？因为我们故步自封，画地为牢，一直守着脚下的一点儿地盘，看着头上的一点儿天空，所以我们被注定了这样的结局——一事无成。

难道改变有想象的那么困难和可怕吗？其实没有。我们只需要付出一点点的勇气和踏实的行动就会有所收获。我希望每个人，包括我自己，都不要因为自己的懒惰而让未来的自己失望和后悔。

宁淑在本地的主持界小有名气，而她的经历却是一波三折。刚跨出大学的校门，她跟所有的年轻人一样，天真烂漫，没有经历过什么风霜。起初在应聘电视台工作的时候，她凭借着自身优秀的条件脱颖而出。

当她还沉浸在成功的喜悦之中的时候，一个通知就如一盆冷水当头浇下：她必须要从自己从没有接触过的出镜记者做起，显然她非常不情愿，虽然她万般抗拒，但也无济于事。做出镜记者就意味着外出奔波，与各种人打交道。这与预期的想法可是大相径庭啊！

然而，你不愿意做，别人却巴不得做，所以宁淑别无选择。

刚刚开始工作的日子，因为经验不足，采访场面经常出现冷场，更有甚者，被采访的对象不合作，也令她手足无措。因为追踪新闻脚踩高跟鞋长途跋涉，却无功而返，又因为紧张说话磕绊出现常识性的错误……所以宁淑过得非常狼狈，这种人仰马翻的生活也令她非常委屈。

经过这段苦难的日子，宁淑也逐渐适应了现在的生活。她心里明白，自己之前会遭到拒绝，是因为自己害怕，是因为自己不会。可是不学就永远不会，不会没什么，可以通过自己的努力去学习。当然，会了也就不难了，所以迈出第一步很重要，这样才能壮大自己。

新的挑战接二连三。又因为人手不足，自己被派去跟市场部一起谈赞助。

这就少不了交际应酬，这令宁淑非常反感，她埋怨上天在故意惩罚她，专门让她做一些自己不喜欢的事情。

最后被逼无奈，宁淑也反守为攻，提出了一个条件给领导选择，就是完成任务以后，自己要做节目主持人。

之后，宁淑几乎把电视台的岗位都做了一遍，才被答应做了电视台的主持人。“宁淑，你有没有想过，领导为什么会安排那些额外的事情让你来做？”一个前辈的话让她陷入沉思。其实，宁淑是一个安于现状的人，她只想过安逸的日子，没有

什么过多的欲望。她只是本能地抗拒着自己未接触过的东西，但事与愿违，恰恰就是这些东西带给自己前所未有的成长机会。面试中的竞争只是局限于几十个人的竞争，进入电视台，这才进入了真正的战场。在这里竞争者众多，要想立足，就只能一刻不停地进步，才能使自己不掉队。行业竞争是无比残酷的，你要获得机会，首先要证明自己的价值；你要让人为你投资，首先要展示成绩；你要别人为你付出，你得拿出诚意。当宁淑给台里拉来了赞助，赢得了利润，证明了能力，台里才会愿意用心支持、培养她做主持人。宁淑终于想通了这一点，她开始理解别人的出发点，也变得更有包容心。

此时她发现，过往的经历正在转化为自己的财富。就好比记者工作让她对新闻更具敏感性，市场工作让她更容易与人沟通，场务工作让她懂得如何展示最好的一面……过往的经历提升了她的气场和专业能力，让她能够更好地在工作中游刃有余。

或许我们认为奋斗就是在认定的路上全力以赴，但最重要的是懂得把握一切能让自己变得更好的机会，愿意付出。为了得到，就得有所舍弃、付出。

安于现状，只做自己喜欢的事情，到头来只能一无所获。生活如行船，不进则退。开始的安逸或者就是后来的痛苦，前期的艰难或许就是后期的轻松。惧怕改变，只能苟安于凄凉。

一次同学偶遇，我才得知他的变故。他本也是主持界的翘楚，但不知为何在这个行业已经销声匿迹，沦为走穴婚礼主持，仅靠着以前的一点儿名气和能力维持生活。以前的自己因为习惯选择最容易的那条路，从而缺乏与磨难正面交锋的机会，到头来，生活退而不前，距离自己期望的目标渐行渐远。“我不愿意承担风险，所以一直原地踏步，长期处于安贫乐道的状态。原来自己也是一个有计划的人，但总是缺乏一点儿破釜沉舟的勇气，而与自己期望的生活越来越远，有时真的会产生一种自己也瞧不起自己的感觉。人一直处在一成不变的环境中也是无益的，因为你会错过改变自己的更好的机会，只有敢于打破现状，才能实现更大的梦想。”

看到同学的日志，宁淑表示对当初逼自己一把的领导心存感激，她非常庆幸自己没有安于现状。也许当时还心存怨恨，感觉现实的残酷，但现在回忆起来，觉得当时的付出是非常值得的。

温斯顿·丘吉尔说过：“如果你想进步，就必须改变。如果你想持续进步，就必须经常改变。”

我们应该愿意尝试新东西，敢于接受不喜欢的东西，不要轻言放弃。千万不要放任当下的平静来消磨自己的斗志，让自己的认知变得模糊，让心变得懒惰。我们要认清自己当下的处境，要不时扪心自问：“是在原地，还是大步向前？是放任时间的流逝停滞不前，还是正在为想要的未来积极行动？”经过这些思考，我们也许会变得非常明智。

我们不要老羡慕别人，而是要展开行动。

我们对那些“我不会”“我不行”“我不想”的想法一定要摒弃，否则一犹豫，就可能遗憾终生。或者说你发现自己的心愿落空，那或许是因为你一直在等待，没有真正付诸行动。

安守现状，就会一事无成。只有勇于向前，才能距离自己的理想愈来愈近。

亲爱的，我们不要对生活采取拒绝态度，因为我们心仪的生活就隐藏其中。我们要具有勇于尝试的态度，因为我们完全可以凭借自己的一点点努力，去勇攀高峰。

向上的生命不知疲倦

帕斯卡尔曾有这么一句名言："人是能思想的苇草。"自然界中的所有植物，它们活着就是为了向上生长，把一切可以得到的养分汲取过来，耗尽所有的精力去寻找阳光、雨露和其他生命所需的东西。和它们一样的是，这种向上的欲望也是人们生活的动力，我们一出生就有了各种需求，为了使需求得到满足，我们开始持续不断地努力。

这种向上的动力在潜意识中暗示着所有人，使大家都无法逃避。对于这种潜意识，如果我们能够适当引导，它就会变成一种积极的追求。我们会从心底渴望，并愿意付出，愿意承担责任，就算有各种各样的现实考验，我们也愿意去接受。假如这种动力被压抑，我们就会觉得生不如死，宁愿一辈子得过且过。

向上是什么意思呢？它是对自己更高的期待，是对更高品质的生活的要求，并推动我们去实现和践行。我们会向往更大的城市，向往更优秀的圈子，向往更优质的生活，我们也会想

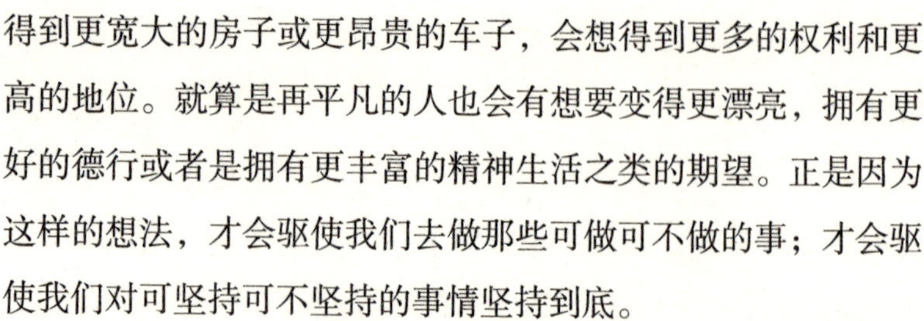

得到更宽大的房子或更昂贵的车子，会想得到更多的权利和更高的地位。就算是再平凡的人也会有想要变得更漂亮，拥有更好的德行或者是拥有更丰富的精神生活之类的期望。正是因为这样的想法，才会驱使我们去做那些可做可不做的事；才会驱使我们对可坚持可不坚持的事情坚持到底。

我认识的一个长辈就是这样的。他原本处于社会的底层，没有良好的社会关系，也没有高的学历，但最后却坐到了一个令人羡慕的位置上。他所凭借的无非就是他的热情、才华、坚持以及不懈的努力。

他不仅吃苦耐劳，也能屈能伸，只要是上级交代的任务，他无论如何都会完成得漂漂亮亮的，他从不曾在意这中间他受过的委屈、误会和难堪。他曾经说过："让自己过得好，让家人过得好，才是我唯一在乎的。"他心中这种向上的欲望十分强烈，也正是这种欲望，促使他不断向上去获取更充足的阳光，让自己成长得更好。如今，他功成名就，这一切可以说来之不易。他做的很多事情别人都不屑于去做，所以他面临的压力和挑战可想而知，为了达到别人的起点，他花费了比别人多得多的时间，才慢慢一点点追赶了上去，这其中饱含着他太多的心血和汗水。

最初，他每天打200个电话，电话那端的人反应各异，他受到了不少人的谩骂和侮辱。他曾因为不太标准的普通话被点名批评，也曾因为专业受限，在解释稍微复杂点儿的产品的时候难免漏洞百出……为了更好的未来，他一个字一个字地练习读音，然后录音，再根据录音进行矫正；他归纳了常用的语言技巧，然后一字不差地背出；炎炎夏日，他在外不断奔波，也在寒冬时节静静等待……他就像一棵树，不断地向上成长着，慢慢向着理想的生活靠近。如今，他再也不用看别人的脸色，也不用为了省钱吃馒头，更不用为了业务而不顾身体……他终于有资本轻松、健康地生活了。

说起过去，别人会觉得那些现实十分残酷，但是他倒是不怎么在意。在不同的人生阶段，人们总是会有不同的欲望和目标，当我们全身心投入，那些辛苦在后来反而会成为弥足珍贵的光辉岁月，我们也能得到更多纯净的喜悦。我们是如此渴望成功，以至于根本不会去在意中间的艰辛和痛苦。

我们要始终心存欲望，有欲望才会有动力。我身边的很多年轻人都很优秀，他们有着强烈的欲望，想要干一番事业出来，想在大城市里扎根立足，想在某个领域成为领先者，想要以后能够衣锦还乡，想要证明自己……我不确定他们的欲望是否能让他们成功，但是如果这种欲望足够强烈，他们就能忍受住很多他们无法想象的艰辛。

很多人都遇到过这样的事情：在骑电动车的时候，如果电动车电量显示没电了，只要我们拼命地踩踏板或是转动手柄驱动它，它依旧有可能带我们到达目的地。我们很多时候都需要这种“不管不顾”的态度，要相信世间万物存在即为合理，这样才能在需要更多能量的时候，自己为自己站出来，竭力为自己加油儿打气，一路向前，去实现我们的目标，这样才会有奇迹出现，才能有希望获得胜利。

在追逐成功的过程中，难免会遇到很多挫折，但只要我们坚持不懈，再巨大的困难也能够被克服。现在我们还很年轻，正处于体力的最佳点，拥有最灵活的大脑，最不愿停歇的双脚和最躁动的心，我们的时间还很充足，为什么要停下来呢？失败又有什么关系？艰难险阻又能拿我们怎么样？拥抱我们所遇到的一切吧！不论是好是坏，我们都应该感激，正是因为它们，我们才变得越来越好。

嘀嘀嗒嗒的钟表可以用来测量时间，但我们的一生却是要

用我们的经历去定义的。许多事情想要做成、做好，不能光靠热情，还要经得住诱惑和寂寞，别在乎外面世界的喧哗，我们只有不断地坚持，持之以恒地钻研，才能使我们的脚步向上，而不至于滑坡。

乔治·马洛里是个传奇人物，他曾说过：“如果你不能理解，人是有一种情结的，要迎接山的挑战，要走出去和它相见，这种斗争是人生永远的斗争，向上，永远向上，那么你永远都不明白我们为什么登山。”

所以，为什么要瞻前顾后？为什么要害怕软弱？为了实现我们心中的渴望，所有的一切我们都可以承受得住。我们期待着生活中的挑战，期待着心底的热爱，期待着未来所带来的鼓舞和成长。

听从心的呼唤吧！如果我们有足够的勇气，并竭尽所能地去付出、去争取，那么，我们会发现生命是多么恢宏，我们又是多么强大，这一切都会使我们受益匪浅。因为年轻的生命不知疲倦，向上的生命无所畏惧，生活的意义不正是如此吗？

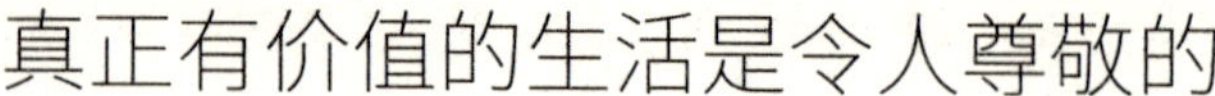

真正有价值的生活是令人尊敬的

在高中的时候，有一个同学是维吾尔族的，她的名字叫果基阿木，她小时候的一个故事让我记忆犹新。

有一天放学回家，她对妈妈说要改掉自己的名字，因为自己的名字太长了，她要改一个跟汉族同学一样的两个字的名字。

妈妈问他：“你不喜欢自己的名字吗？”

她说：“我的名字实在太长了，大家都记不住。”

妈妈说：“陀思妥耶夫斯基和爱新觉罗·玄烨的名字长不

长？人们有没有记住他们的名字呢？”

“可是……”她没有说服妈妈。

“没有什么可是，人们记不住你的名字，可能是因为你还没有赢得被人们铭记的资格。”后来她学有所成，待人诚恳，反而有很多人记住了她长长的名字。

其实，我也有跟她一样的经历，也曾要求把名字改了，是什么原因呢？说起来很好笑，原因是我感觉自己的名字不是很流行，也不很好听，不容易被记住；二是嫌自己的名字笔画太多。

结果自然是没有改成。那时候我的父母告诉我，不要因为自己的名字而自豪，要让你的名字因你而自豪。

我们追求一致，拒绝分歧，并不一定是因为懒惰；我们希望圆满，厌恶挫折，并不一定是因为能力不足，而是源于害怕，源于对安全感的天生渴望。可是如果一个人不敢面对并拥抱真实的自己，那就无法挖掘自己潜藏的天赋，无法实现自己的价值，哪怕看起来他天天忙忙碌碌，终归也是一无所成。

我们之所以会拒绝，其实是害怕接纳，我们感觉它不好，不能给予我们帮助，归根结底是因为我们缺乏自信。

我们应该知道，人们只有在绝望的时候，才会将焦点放在自己的缺陷上。当一个人本身有所成就的时候，人们会自动忽略那些我们耿耿于怀的所谓“污点”，或者人们只会看到你的优秀，而看不到你的缺点。

更进一步来讲，当我们超越生活本身的时候，或者我们的缺点就会成为特点，让我们在公众面前脱颖而出。所以不要过分地克制自己，其实这表明了我们的一种态度，我们拒绝变得普通平凡的态度。

一代功夫之王李小龙是多少人心中的偶像，但是却很少有人知道他患有先天缺陷：近视眼、两只脚还不一样长。这些缺陷其实是习武的大忌。诚然，这些缺陷是难以改变的，而这些缺陷也足以击垮任何一颗追求卓越的心。

但是李小龙却不以为然，因为自己是近视眼，他就学咏春拳，练习贴身格斗；两只脚不同，那左脚就用来远踢、高踢，右脚就专事短促隐蔽性的踢法，这反而让他取长补短、姿态更美，这样的技能使他自成一体，从而成就了自己。

这样看来，凡事都有两面性。与其悲观消沉，不如换一个思维去看问题，变不利为有利，化被动为主动，以积极的心态找方法，以乐观的心态做创新，同样能够成功。

美国哲学家哈伯德有一句名言："每个圣人的光环背后都有古怪之处。"人无完人，每个人都有瑕疵，而不同之处就在于有的人本身就很优秀，已经取得的成就也就掩盖了其自身的缺点，人们觉得他与众不同，他自己也因为自信而不再介怀。而有的人本身就是一团糟，面对生活稍有异议，就强加抱怨，这样不思进取，不知感恩，所以在人们心中的形象也就大打折扣。

更有甚者，很多人惧怕自身的缺陷，便千方百计想让自己看起来很正常。他这样的改变只是为了讨人喜欢，使自己看起

来跟别人一样，那我们在任何时候，任何事情上，就显得非常假，或许这会让我们瞻前顾后，丧失自己的立场和方向，从而丢失了自我。

想一想，多少次我们为了迎合别人，隐藏了自己内心真实的想法；多少次我们为了和大家看起来一样，强迫自己不要作出与众不同的行为举止；多少次我们因为脸上的一颗痣，身上的一点儿小缺陷，甚至一个名字，而陷入强烈的自卑。其实我们完全可以包容不同,即使别人不包容,那也不是我们自己的错。

我们应该允许独立存在,与其把焦点放在别人的缺陷之上，还不如把精力用在如何使自己成为一个更强大的人上面。我们深深地知道，只有手握王权的人，才有足够的权威指点江山。同样,要想自己的生活过得更好,那就要使自己达到足够的高度。

有时候生活并不是很公平，即使我们努力了，但是也并不一定能够成功。说实话，一个人辛不辛苦，人们其实并不在乎。人们在乎的是作出了什么样的成绩，因为成功者的辛苦是勤劳勇敢，而失败者的辛苦则被视为愚蠢懦弱。如果结局悲惨，人们还会说他自作自受，原因就是他没什么成果，人们就会抓着他的错误不放了。

在生活中，我们与其抱怨，还不如勇敢地接受挑战。请记住，大多数人的成就根本就不足以对生活评头论足，他们只是把自己禁锢在熟悉的一方小天地里，整天忙忙碌碌，却无任何成效，反过来又因为自己不想承担风险和责任而抱怨生活。

以我们的经验来说，人们愿意聆听的辛酸史是有所成就的人的，诉苦是成功人士的特权。如果一个一无所成的人去抱怨，就会被人们视为托词，而一个成功人士的抱怨呢，就会被人们当作幽默。而我们要做的就是珍惜自己的独特性，因为一旦你迈出第一步，你的机会就会伴随左右。

通常你笑的时候，会有人跟你一起笑，但是你哭的时候，便只有你独自哭泣了。也只有当我们有了资本、有了底气，我们才能毫不愧疚，随心所欲地追求自己的爱好。毕竟当我们有所成就的时候，我们的缺点也会显得非常可爱了。

一分耕耘，一分收获

现在的年轻人急于求成，总想一夜暴富，做着年少多金的美梦。在生活中，他们娇生惯养，缺乏吃苦耐劳的精神，做事没有长久性，通常只会纸上谈兵，而没有实践经验，这就导致他们距离自己的理想越来越远，只能沉浸在自己理想的梦里。

因此，只要我们有一颗进取的心，就会不断提高自己。而这个提高自我的过程，就要靠我们不懈的努力。年轻人精力旺盛，劲头十足，只要我们盯准目标，加倍努力，就一定会有所收获。

在这里，我们要说一个叫阿洛的大学生，她的个子不高，脸蛋儿也不算漂亮。她一毕业就来到北京，想在这里谋一条出路。于是应聘来到电视台做实习工作。但她缺乏经验和写作技巧，领导对她的表现并不满意。

时间久了，阿洛在领导面前的印象变得很差，导致她成了一个在工作上可有可无的人。有时在会上，领导还会对她冷嘲热讽。对其他同事的稿件，领导总是大加赞赏，而对阿洛总是那么不友善，总是找阿洛的碴儿。其实，对于阿洛所犯的错误，同事们有时候也会犯，但领导的态度却总是不同。

如果换作别人，可能早就会和领导讲说一番了，但阿洛并没有去解释，也没有抱怨，只是默默地努力工作着。

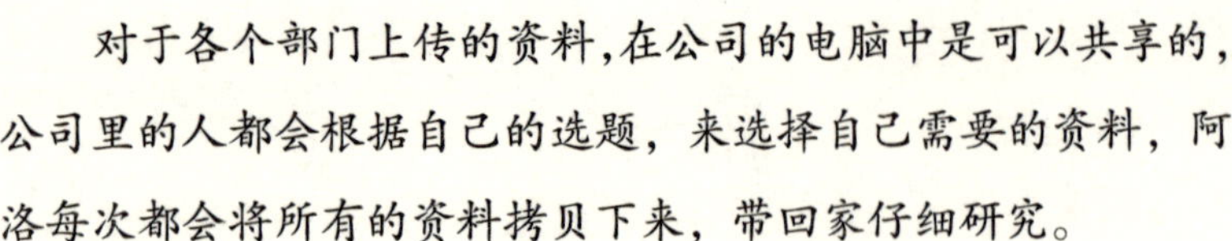

对于各个部门上传的资料，在公司的电脑中是可以共享的，公司里的人都会根据自己的选题，来选择自己需要的资料，阿洛每次都会将所有的资料拷贝下来，带回家仔细研究。

同事们见她如此认真，就忍不住劝道：你只是一个实习生，何必那么认真呢？阿洛只是笑笑，没有作答，仍然一如既往地认真查阅每一份资料，并把有用的东西记在记事本上。

到了周末，同事们都在享受着美好的闲暇时光，而阿洛并没有闲着，她知道自己的不足，所以她要更加地努力来不断提高自己，完善自己。阿洛会去图书馆看书，查看一些与自己工作相关的书籍，整理自己手中的资料。假以时日，阿洛的能力日渐增长，但她一向低调，不想引起人们的注意。直到有一天，节目组要临时加播一期节目，此时的阿洛却一鸣惊人。

因为这期节目是临时加的，所以时间特别紧。从撰稿到播放仅仅只有 4 天时间，而录制剪辑就要占去一大半，所以领导找撰稿编辑询问的时候，所有的人都在拼命摇头，生怕揽上这个苦差事，领导也感觉这是在强人所难。在领导近乎绝望的时候，阿洛勇敢地揽下了这个任务。

阿洛的举动让所有的人都感到惊讶，有好心的人提醒她，这个任务时间太紧了，4 天肯定完不成。领导更是诧异，不相信地问她："你确定自己能做到吗？"阿洛回答说："没问题，我一定能够做到。"

这样的回答让大家都颇为惊奇，一些人甚至还嘲笑她，等着看她的笑话。

令大家非常意外的是，那期节目阿洛做得非常成功，节目的收视率节节攀升。

所有人不敢相信地看着阿洛，领导也破天荒地赞扬了她："真没想到，你是不鸣则已，一鸣惊人！"而阿洛只是礼貌地笑了笑，便继续投入自己的工作中了。

为什么别人做不到，而阿洛做到了呢？这是因为阿洛把别人休息的时间用来努力学习了，她不光把自己的节目，而且把别的节目也分析得相当透彻，这样，她就可以胜任节目组中任何工作。面对领导的苛责，同事的冷嘲热讽，她没有气馁，反而以一种淡定的胸怀默默地承受着一切，加倍努力来证明自己的实力。

阿洛的一鸣惊人引起了领导的关注。此后，阿洛又出色地

完成了几项比较困难的任务。这样，她很快在电视台脱颖而出，成了小有名气的人物。后来，阿洛被优秀的节目组挖走，职位也陡然上升，工资也水涨船高。

阿洛是属于最普通的那类人，但她却依靠自己的努力脱颖而出。很多人都羡慕别人的光鲜亮丽，但我们却不知道他们背后所付出的辛劳。

作为普通人，没有身份、地位、背景，甚至没什么才能、远见，脑子也不是那么灵活，可这些人有的是耐心和恒心，他们可以为了自己的目标坚持不懈，所以他们会成功。

往往努力的人是非常幸运的，机会常伴他们左右。而生活也从来不会亏待真正努力的人，只要我们全力以赴，就一定会有所收获。

第二章

坚强面对世界

世界是残酷的，它并不会给予任何一个人以同情。如果不想让你的人生变成一场悲剧，那就赶紧改变自己吧！忘记那些心酸的往事，直面痛苦和悲伤，坦然地去接受那些失败，别回避，勇敢去面对吧！就算真的到了绝境又怎么样？你终究会找到属于自己的一条路的。永远别失去希望，这样你才能真的拥抱希望。

不要把人生过成悲剧

什么是悲剧呢？所谓的悲剧就是把人生一切美好的东西摧毁。如果你觉得自己的人生是一场悲剧，那么在你的人生中一定有太多不美好的事情，而那些仅剩不多的美好也在一点点地被摧毁。怎样才能拯救自己的人生，不让它成为一种悲剧呢？你必须拼尽全力地去改变一切，这样你才能改变命运。

在二战中，日本作为侵略国，不仅给被侵略国家造成了严重的战争伤害，还使自己受到了重创，使人民生活困难，民族信心跌落谷底，小说《德川家康》的创作就产生于这样的一个环境中。小说的作者是山冈庄八，他用激昂的文字将战国大名德川家康波澜壮阔的一生描绘了出来，并详细地描写了德川家康的母亲以及她的外祖母所表现出来的坚忍顽强。

德川家康的母亲是刈屋城主水野忠政的女儿於大，敌对城池的城主是她的丈夫，名叫松平广忠，一开始，松平广忠十分憎恨她。后来，她经历了很多的事情，才凭借自己的感情和智慧获得了丈夫的爱，并且有了一个孩子叫德川家康。为了让这个新生的孩子能够在乱世中平安，她偷出了神庙中代表虎神的神像，使天下人误以为德川家康是虎神转世而来，日本将来一定会被他统一。

不久，政治形势就发生了变化，被逼无奈之下，於大离开

了丈夫和孩子，改嫁他人。后来，松平广忠在战争中死去，孩子也成了人质，她强忍着悲痛四处奔走，为孩子祈祷。在德川家康势力逐渐壮大后，他的身边也总是跟着於大，於大总是在不停地提点劝诫他。於大 75 岁时，德川家康已经称霸天下，因此，她向神灵还愿，绝食自尽。

女人在战争年代的命运总是悲惨的，可於大坚强地活了下来，并为了自己的儿子努力了一辈子。她也不是一开始就这么坚强的，当她最爱的丈夫松平广忠死在战场，儿子又被俘的时候，她已经痛不欲生，可母亲的话让她坚持了下来："男人不会知道女人有多坚强！你还有儿子！所以，不要觉得自己是最悲惨的！"

谁也不知道，在重建日本民族自信心方面，这本《德川家康》到底起了多大的作用，可正是因为日本人坚韧的民族精神，二战后的日本才能崛起得这么快。当时，几乎所有日本人都处于一种绝望、意志惨淡的境地，因为这本书，他们才有了前进的动力。不要觉得自己悲惨，也别觉得自己的人生就是悲剧，只要你不这么认为，人生就不会成为悲剧！

那么，怎样的人生才不是悲剧呢？是要出生在富贵人家，相貌端庄，身材纤细，才学出众，还是嫁一个"高富帅"或娶一个"白富美"，事业有成，大权在握，给后世留下许多传奇故事？说实在的，童话都不一定这么美好，故事中的倾心一吻不见得造就的一定是公主和王子，还可能是怪物史莱克夫妇。但怪物史莱克就注定悲剧吗？并没有，他们过得很幸福。我们必须承认，人生有时候很困难，但大家几乎都是这样的，没有人可以一帆风顺地过一辈子，挫折和困难并不会使人生完全沦为悲剧。

贝多芬还没到30岁时，耳疾开始恶化，渐渐失去听力，这对于一个音乐人来说就等于失去了一切。可贝多芬的精神意志十分强大，他战胜了失聪这一困难，用灵魂谱写出了音乐篇章，传承后世。临终之时，他对着周围的朋友说："鼓掌吧！朋友，喜剧结束了。"

居里夫人和居里先生夫妻二人因为长期研究放射性物质，身体健康都出现了严重的问题。后来，居里先生出了车祸不幸逝世，坚强的居里夫人并没有灰心丧气，而是带着丈夫的遗愿，将更多的热情投入到工作中，功夫不负有心人，她一生两次获得了诺贝尔奖。

这样的事例太多太多，我们的人生并不都是悲剧，你可能会觉得自己十分不幸，太悲惨，太艰难，可谁的生活都不容易，有什么好担心的呢？人生毕竟是自己的，只要我们不相信它是悲剧，人生就不会变成悲剧。无论世界怎么残酷，只要我们内心坚强，我们就还能做很多很多的事。

让辛酸的往事随风而逝

我们所经历过的辛酸就如同一坛老陈醋，随着时间而发酵得越来越完全，味道也越来越深邃，越来越纯粹。如果让发酵

一直进行，我们的人生早晚会变成一坛醋，里面满满的酸味。只有不停地把醋加入其他的味道中，它才能成为美味的调味品，各种各样的味道加在一起才能构筑美妙的人生滋味。

人们总是说：展望未来的幸福正是人生的意义所在，逝去的辛酸就别再追溯。过去的既然已经过去，就不要再回忆了。

小李是个热情开朗的小伙子，偶然的一次交通事故，使他的右眼失明了。他受到了巨大的打击，变得沉默寡言、郁郁寡欢。他以前最喜欢去街上热情地和别人打招呼，而现在，他几乎足不出户，生怕别人用怪异的目光看他。

小李的妻子小莉十分爱他，她也因此承受了巨大的痛苦，由于害怕丈夫会一蹶不振，她付出了很多时间和精力来让丈夫尽可能地康复。这些举动触动了小李，让小李的情绪一天比一天稳定，病情也逐渐好转。小莉看着丈夫在慢慢恢复，心中十分高兴，她只希望丈夫的左眼不会再被影响了。

半年后的一天，小莉递给小李一杯水，但小李并没有准确地接住，水杯直接掉到了地上。小莉的心猛地往下一沉，她知道，小李马上就要双目失明了。想到这半年来的辛酸，她再也无法控制自己的泪水。出乎意料的是，小李却十分平静，他说道："我早就知道会这样了，亲爱的，这并没什么大不了的。我现在唯一的希望，就是在我没有完全失明的时候，能够多看看你和孩子，你们可都要打扮得漂漂亮亮的啊！"

小莉没想到小李如此淡定，她问道："你怎么想通了，亲爱的？"小李笑着说道："这都是你的功劳啊！这段时间，我虽然马上就要看不见了，可一想到我身边还有你和孩子，甚至于以前，我们更爱彼此了。我已经拥有了这么多，又何必害怕失去一双眼睛呢？世界上和我一样的人还有很多，他们有些人在哭，有些人在笑，如果只能这么选，接下来的人生，我更愿意笑着去面对。”

小莉听完这番话，紧紧地倚靠在小李身上，默默擦干了泪。

人生就是这样，并不会永远顺利，总是充满了各种各样的痛苦和灾难，那么为什么有那么多人依旧幸福而甜蜜地笑着呢？因为他们把痛苦留在了背后，他们选择了忘却。

把经历过的辛酸忘记并不是一件很容易的事情，也许我们需要一段漫长的时间来等待，但最后那些辛酸都会离我们远去。它们也能够帮助我们成长，让我们明白生活的真谛。

在电影《唐山大地震》中，一家人原本生活得幸福又美满。可是就在眨眼之间，灭顶之灾突然降临了，无数人的命运都因此改变。一家四口中的丈夫为救家人失去了生命，妻子好不容易活了下来，却还要痛苦地去做选择，因为两个孩子都被压在石头底下，只能救出其中一个。妈妈忍住心痛，艰难地作出了选择，可是当小女孩听到妈妈说“先救弟弟”的那一瞬间，觉得自己被抛弃了。因此，她后来虽然被救，却没有留下来，而是跟着领养她的解放军叔叔离开了唐山。最先得救的弟弟少了条胳膊，他虽然身有残疾却拼命地奋斗，而小女孩的养母因为疾病，在中年便不幸逝世。女孩上了大学，还受到了恋人的背弃，她不得不辍学，独自一人带着孩子远走他乡，而女孩的养

父中年丧妻，后来又失去了爱女的信息，每天都十分痛苦。

电影中的每个人可以说都在痛苦中挣扎。电影的最后，女孩回到了养父身边，将自己的辛酸回忆都告诉了他，女孩痛苦地倾诉说：“不是我记不起来，而是忘不掉！”原来，女孩从不曾忘记自己“被抛弃的”往事。

后来，发生汶川地震，女孩作为志愿者前往汶川，机缘巧合下和自己的弟弟相遇，回到了自己的家。她的妈妈跪在她的面前，倾诉着自己的愧疚和思念时，她也忍不住失声痛哭：“是我混蛋，我不该这样，那是我弟弟！”

唐山大地震带来的危害无疑是巨大的，人们也因此留下了太多太多的辛酸泪，但不管怎么样，生活还是要继续。

当我们能够把辛酸忘记的时候，我们的思想和理念就得到了升华，我们生命的价值、人生的道理和存在的意义在那一刻都明确了。因此，当辛酸随风而逝，我们就和原来的自己告别了。

改变生活，减少苦难

生活在这个大千世界中，我们每个人都难免会遇到很多令人烦恼的事情，谁都会觉得自己过得不那么顺心，只是面对的多或者少的问题罢了。但是一味地抱怨并不能够使现在的处境改变，只有拼命努力，才能改变现状。苦难毕竟只是人生中的一小部分，如果只注意到这一部分，无疑会让人觉得痛苦，但是当我们着眼于其他，那么我们就能做到很多别人做不到的事情，所有的苦难也会成为以后的经验。

有位得道高僧住在山上的寺庙中，因为他法相庄严，心怀慈悲，寺里的香火总是十分旺盛，许多信徒都慕名而来，想要他为自己排忧解难。

高僧每天都会花很多时间帮这些信徒开解烦恼，可是不管他怎么努力，他们依旧会有很多新的烦恼。他们不停地抱怨着："我怎么这么倒霉？看看别人的生活多么快乐幸福！"这样的抱怨太多，而且变得越来越多。他认为对这些信徒来说，开解似乎并不能起到真正的作用，自己继续这么下去并不能真的帮助到信徒们。所以，高僧想出了一个好方法。

这一天，信徒们被高僧全部集中到了寺庙的大殿里。每个人都得到了一张纸，高僧让他们在纸上写出自己的烦恼。很快，信徒们纷纷将笔拿起，没完没了地写起来。高僧在旁边点上一

炷香，耐心地等待着，一句话也不说。当信徒们写完后，他收起了那些纸，并且随意地把一张张纸团成纸团儿，混在一起，在佛案上放着。

看到高僧的举动，信徒们很是奇怪。这时候，高僧对他们说：“你们现在都随便去拿个纸团儿吧，看看你们愿不愿意把自己的烦恼和你看到的别人的烦恼换一换？”

信徒们按着顺序走到前面，一人拿了一个纸团儿打开，他们每个人都愁眉苦脸，看上去闷闷不乐。很久以后，信徒们才慢慢地叹了口气，说：“我们还是决定不换。我本来以为自己是这个世界上最倒霉的人了，没有想到，原来别人也并没有比我好到哪里去啊！”

一个人的烦恼并不会因为抱怨而减少，任何的苦难也不能通过抱怨来化解，只有自己心灵的甘甜才能够把自己的苦难化解。

当我们在抱怨的时候，应该想一想为什么我们要抱怨呢？是因为我们自己的愿望没有得到实现吗？如果是这样的话，那么先不要急着抱怨,因为问题根本就没有办法通过抱怨来解决。首先，我们应该安慰自己，毕竟不是所有的事情都能够完美解决的，也不要过于在意这件事情。其次，我们应该仔细思考遇到问题的原因，怎么做才能够把现状改变？才能让苦难溶解？如果我们已经可以平静地面对苦难，那么我们就有了足够的心灵的容量，我们就会感到心灵的甘甜。这样一来，不管以后我们遇到多大的苦难，我们也能够坦然去面对了， 再大的烦恼也不会让我们觉得束手无策。

所以，当我们遇到不幸的时候，我们应该正视困难，与其生闲气，不如想办法去解决。就像我们在喝咖啡的时候，如果我们觉得它苦，那就多放一些糖，而不是一边抱怨一边把这杯苦咖啡喝掉。

人生不如意的事情十之八九，我们并不能够完全地掌控所有的事情。生老病死、股市暴跌、海啸、地震，甚至各种其他不幸的降临，都是我们没有办法预料和掌控的。面对这些不幸，我们可以悲观，可以失落，但是我们也可以让自己的心态变得积极向上起来，就算现实不如意，但是如果我们能够积极地去面对，那么我们就会快乐许多。就像人们说的："快乐是一天，不快乐也是一天，何不快快乐乐过好每一天？"

威廉·詹姆斯是美国著名的心理学家，他曾经说过："我们这代人最重大的发现是，人可以改变自己的心态，从而改变自己的一生。"确实，不管是失败的人生还是成功的人生，不管是幸福还是不幸，是欢乐还是悲痛，心态都起了很大的作用。

一个情绪十分低落的少妇想投河自尽，可是她刚跳下河，在河中划船的老艄公就把她救上了船。

老艄公问她："你这是怎么了，年纪轻轻寻什么短见？"

少妇边哭边说道："我才刚刚结婚两年，丈夫就把我遗弃了。几天前，连我唯一相依为命的孩子也得了重病死去了，我与其像行尸走肉一样活着，还不如死了算了。"

老艄公听后并没有安慰她，而是说："那么两年前你是怎

么过的？”少妇的脸上露出了一点点微笑，她说：“两年前的那个时候，我还是一个自由自在、无忧无虑的少女。”

“那个时候你有丈夫和孩子吗？”

“并没有。”

“那么现在你只是被调皮的命运送回到了两年前，你又得到了那种自由自在、无忧无虑的生活，为什么还要烦恼呢？”

听了他的话，少妇的心里边变得敞亮起来，她微笑着告别了老艄公，高高兴兴地上岸，继续过自己美好的人生了。

在我们的人生之路上总会有许许多多的石块儿，但奇怪的是，我们能够轻松地迈过路上的石块儿，却迈不过我们心中的屏障。其实我们的心态并非是不会改变的，依靠个人的自我调节，心态是能够进行随时随地的转化的。我们是自己心态的主人，如果我们心中是愉悦的，那么我们就会快乐起来；如果我们心中是悲伤的，那么我们就会变得沮丧起来。所以每个人都应该改变自己，让自己拥有正确的心态，只有我们拥有积极向上的心态，我们才会拥有一个光明的世界。

我们可以把人生比作一场大冒险，这一路走来，总有无数的未知和变数，只是要看我们如何去面对。有时候我们会觉得痛苦，会因此而哭泣，但这一切并不会因此而改变；有时候我们会抱怨、沮丧，但是人生也不会因此而出现转机。想要改变人生，你只能去改变自己。将抱怨停止吧！把自己的心态调整好，为自己奋斗下去。对着你的人生微笑，那你的人生也会回你一个微笑；如果你对着人生哭泣，那么你得到的也只能是哭泣。就算眼前有再多的逆境也不要去抱怨，相信自己可以勇敢坚强地去面对，积极地行动起来吧，苦难终将会被我们心灵的清甜所改变，我们的人生也终将会改变！

失败造就成功

人们总是说：“人生不如意事常八九。”人不可能一辈子一帆风顺，难免会遇到一些挫折、失落、困苦等，但是，不同的人面对逆境的态度是不一样的。有些人会因此一蹶不振，一辈子沉浸在痛苦中；有些人则是避而不谈，拒绝寻找失败的原因。那么，我们该用什么样的态度去面对失败呢？

这里有一份属于美国历史上最伟大的总统之一的亚伯拉罕·林肯的简历：他 22 岁时经商失败。23 岁，他竞选州议员，失败。24 岁，他经商又一次失败。25 岁，他成了州议员。26 岁，他的情人离开了这个世界。29 岁，他在竞选州长时落败。31 岁，他竞选候选人失败。34 岁，他没能成为国会议员。37 岁，他竞选国会议员成功。46 岁，他竞选参议员失败。47 岁，他落选副总统的职位。49 岁，他竞选参议员再次失败。51 岁，他成了美国总统。

我们会神奇地发现，林肯总统的一生可以说充满了悲剧色彩。失败充斥在他的人生的各个阶段，但是他并没有沉沦下去，而是在失败中汲取了进步的营养，最后一步步向上攀爬，终于

成了一代伟人。

我们只是小人物，那么面对失败，我们该怎么去做呢？除了要端正心态，在失败中吸取经验和教训以外，我们还能够把失败进行分解。失败就像是一个结果，或者说一个过程，它会有不同的环节和不同的结论，虽然我们在大的方面失败了，但是一定会有一些成功的部分。我们可以把那些多余的部分剔除掉，然后将成功的部分保留下来，这就是我们的收获。

经过评审委员会的无数次讨论，1981 年，美国普利策小说奖最终揭晓了，最后的结果，约翰·肯尼迪·图尔的《笨蛋联盟》得到了这一奖项。可惜的是，这本书的作者已经看不到这一幕了，因为他早就离开了这个世界。在 1969 年的时候，《笨蛋联盟》就已经完成了，可是直到 1980 年，它才被出版。所以 1981 年，这本书才获得大奖，并让世人瞩目。当初约翰·肯尼迪·图尔拿着自己的作品去找出版商，但是人们都冷酷地拒绝了他，根本没有一家出版社愿意出版这本书。屡屡碰壁的约翰·肯尼迪·图尔饮弹自尽，将自己的一生就此草草结束，而那个时候他才 32 岁。

而他的母亲却一直相信这本《笨蛋联盟》一定会出版的。儿子死后，她压抑着巨大的悲痛，对一家又一家的出版商进行了拜访，不用说，出版商们一样拒绝了老人的请求。但是老人始终很自信，认为儿子的作品很伟大，因为他有独特的写作天赋。

老人从未放弃过，她一直在联系一家家出版社，并说服他们出版《笨蛋联盟》。她认为这部作品总有一天会引起人们的关注，会成为举世瞩目的名作。如果不能够出版这部作品，将不仅仅是她和儿子的损失，更是出版商的损失。后来的事实证明了这位母亲的话。在作者去世十年以后，著名小说家沃西·珀西终于关注到了这本书，他将这部作品推荐给出版社。出版社的主编对这部作品亲自进行了审阅，里面的独特构思和滑稽的语言一下子令他倾倒，他当机立断，出版了这本书。在1980年的时候，《笨蛋联盟》终于和世人见面，受到了广大读者的一致好评，还在第二年获得了普利策奖。

谁都想要获得成功，但是在通往成功的路上必定会遇到无数次的失败，这并非是现实对你的玩弄，而是在为成功铺路。如果有足够的勇气坚持下去，那么成功终究会到来。

勇气颠覆困境

对于失败，人们总是定义得过于草率，因为对于有些人来说，失败带来的只有无尽的绝望。可是对于另外一些人来说，失败只是一种必经的挫折罢了。谁能够说自己永远不会失败呢？就算失败了 100 次也没有什么可怕的，最重要的是我们能不能站起来 100 次。成功者的态度一直很明确，那就是就算失败又怎么样，大不了从头再来。面对失败，有些人将希望完全抛弃，只觉得自己再也没有翻身的那一天；而有些人重拾信心，鼓起勇气，相信自己只是暂时的失利，很快自己就会迎来成功。在人生的道路上永远都没有“常胜将军”的说法，我们要努力去成为一个不会被生活的困难所击倒的强者。就如同一个婴儿从爬行到站立到学会走路，再到能够快速地奔跑，这里面总是免不了磕磕绊绊，免不了学习和适应，也许我们会忍不住号啕大哭，但是哭过以后我们从不曾放弃过走路，我们依旧坚持了下来。也正是因为这样，我们才能够学成走路。

其实再伟大的成功者在奋斗的路上也会遇到失败和挫折，他们还会受到很多令人难以想象的打击，会一下子从高峰跌落到谷底，但就算是这么令人绝望的境地，在很多人选择自暴自弃的时候，他们也依旧坚强地面对着。懦弱者只会把自己所有的注意力集中在失败所带来的负面影响和自己所要承担的后果上，根本就不会关注到其他，从此变得一蹶不振。也难怪这样的人会失败了，因为他们永远只会生活在过去的阴影下，而忘记了未来在等着他们。而成功者，他们虽然也会觉得沮丧和迷茫，但是他们很快就会从这种状态中解脱出来。他们拥有坚韧不拔的意志，明白自己并没有彻底地失败，他们依旧有机会成功，因为今天的失败只代表着今天，以后的人生还十分漫长，未来的辉煌还等待着他们去创造。

拿破仑就是一个很好的例子。他曾经遭受的挫折数都数不过来，但是他从不曾放弃，哪怕他和整个欧洲为敌，他依旧带着自己的军队向数量占有绝对优势的敌人发起冲锋。即使他从一名高高在上的法兰西第一帝国的皇帝沦为了小岛上的阶下囚，曾经拥有的数 10 万虎狼之师也只剩下了最后几百个禁卫军，这样巨大的落差依旧没有击倒拿破仑。虽然他一下子从世界上最具权威的人变得一无所有，但是他依旧能够从头再来。哪怕最后在滑铁卢一战中他败得一败涂地，从此彻底退出了历史的舞台，但人们依旧敬仰着他，他的成就依旧闪耀着光辉。在滑铁卢的纪念馆里，人们都知道失败者拿破仑，却不知道胜利者惠灵顿公爵。法国的大文豪雨果曾经对在滑铁卢战役中失败的拿破仑这样评价过：“失败反把失败者变得更崇高。倒下的波拿巴仿佛比站着的拿破仑还高大些。”看来就算拿破仑没有获得最终的成功，但是他那永不屈服的精神依旧流芳百世。

拿破仑曾经说过一句话：“人生的光荣，不在于永不言败，而在于能够屡仆屡起。”不仅是他，晚清名臣曾国藩也是这样。

当初，曾国藩带领湘军讨伐太平军，曾国藩的军队曾经屡次被太平军打败，气得急火攻心，曾国藩甚至想要投河自尽。但后来他还是经受住了压力，痛定思痛，准备重新再来，这才有了最后的胜利。由此可见，一些人之所以能够取得一些伟大的成就，他们往往都会经历一些常人难以承受的挫折。面对这样的挫折，他们从来都不曾放弃过，而是一次次跌倒了再爬起来。所以他们才会变得更加坚强，变得再也不会跌倒，成功也就来到他们身边了。

失败并不是人生道路上永远迈不过去的鸿沟，它只是一道分水岭，将强者和弱者进行了区分，只有战胜失败的阴影的人才能获得最后的胜利，因为失败而消沉下去的人，一生都会被痛苦所折磨。

美国作家马克·吐温曾说过："人生在世，绝不能事事如愿。所以，无论遇见了什么失望的事情，你也不必灰心丧气。你应当下定决心，想法子争回这口气才对。"只要拥有重新开始的勇气，就算暂时遭遇了失败，在努力拼搏之下，终究会有真正成功的那一天。

别回避，迎难而上

众所周知，一帆风顺只是一种美好的愿望，是不切实际的。这是一种理想状态，但是却没有创造出能够实现这种愿望的可能。人生一定会存在诸多艰辛、磨难。这么一来，态度就显得十分关键了，我们可以回避问题，然后划出禁地，让自己的后半生少一些艰辛与磨难。也可以选择不向命运屈服低头，努力改变自己的命运，勇往直前，最后成就一番作为。

红白机时代有一款经典游戏叫作《魂斗罗》，其人物原型就是国际动作巨星施瓦辛格和史泰龙，而故事背景则是《异形》。这款游戏一度风靡世界。在游戏中，两位超级战士一路厮杀，将一个个恐怖对手都消灭掉了，气概十分豪迈。其中最令我们激动的，是每消灭一个对手，每通过一关时得到的舒爽感。每过一关就能够不断地加分、加血和加命，为了面对最后一关的那个终极怪物，我们在不停地积攒力量。

当我们化身成电视屏幕中的那两个超级战士的时候，并没有觉得那些打不完的怪物和过不完的关卡是一种磨难，反而觉得十分刺激，不断地去面对那些挑战，迎难而上，从而取得胜利，使我们变得更加坚强；也在不断地积蓄力量中让自己变得强大起来，即便遇到了最后那个可怕的怪兽，我们依旧能坦然面对。

其实这个游戏就像是我们的人生，我们每个人都像是里面的那两个战士一般。阻挡我们前进的敌人，何止一个，我们遇到的磨难又何止一点点，这一辈子我们都在通关。在游戏中，如果我们回避了磨难，我们会得到通关失败后的叹息。但如果在人生中我们回避了磨难，那我们真的会无路可走。

面对困难，谁也不会快乐地微笑，因为困难只会带来痛苦，而痛苦的滋味谁都知道。

可如果你遇到的困难还能够挽救，那么千万别只想到痛苦，不然你就会想要放弃。当你在和困难势均力敌的时候更是如此，谁也不知道谁是最后的胜出者，多坚持一分钟，不仅能够磨炼你的意志力，还能够让你笑对人生，说不定下一分钟，你就成了胜利者。

卡瑞尔公司是一家世界著名的公司，负责人卡瑞尔开创了空调制造行业，而他自己就是一位工程师。他有一套叫作“卡瑞尔万能公式”的方法，对解决问题很有帮助，而这正是来源于他的工作实践。

卡瑞尔年轻时曾在纽约州水牛城的水牛钢铁公司任职。一次，他到密苏里州水晶城的匹兹堡玻璃公司的下属工厂安装新型的瓦斯清洗器。经过卡瑞尔和同事们的精心调试，机器总算运行了，可机器后期的性能测试却不曾达到他们预期的指标。

为了让机器能够达到预期的指标，卡瑞尔先生尝试了各种办法，可一次次都失败了。卡瑞尔一度因此而失眠，但他良好的心态还是让他获得了最后的成功。

事后，卡瑞尔先生说：“当我发现自己的忧虑对解决问题一点儿用都没有的时候，我想到了一个好办法，这个办法十分有效，一用就是30年，而且非常简单，谁都能用。简单来说，就是把遇到的问题分成三步：告诉自己要坦然面对，就算是最不好的结果也就那样了。如果一直达不到预期指标，那么我的老板将会损失20 000美元，而我可能会被辞退，但绝不会被关进监狱，更不会被枪毙了。

然后，我鼓励自己要勇敢，这样的结果我是能够接受的。就算会在我工作的经历上画上污点，可找到新的工作并不难。而20 000美元对于我的老板来说并不是什么大事，就当作实验费吧！这么一想，我感觉轻松了很多，这么多天了，我的内心终于平静下来了。

最后，为了改变这个最坏的结果，我投入了自己所有的时间和精力。我用尽一切补救办法，希望把损失的程度降低到最低，几次试验后，我发现如果再花 5 000 美元买些辅助设备就能轻而易举地解决这个问题。果然，公司最后不仅没损失那 20 000 美元，反而还赚了 15 000 美元。”

眼前的困难并没有吓倒卡瑞尔，他在发现了问题以后，首先坦诚面对了最坏的结局，而且在事情没有结束时，仍旧竭力去改变。如果卡瑞尔在最开始退缩了，那么他的能力就体现不出来，贵在他的思维始终保持清醒，并不曾因为困难而思维混乱。

磨难就像苦药，接触时令人痛苦不堪，但能够治愈你人生的各种顽疾。我们要有积极的心理素质去面对苦难，并且心存希望。所有的磨难都是短暂的，只要心存希望，一切都会过去。

现在，我们还年轻，力量还很弱小，但我们每时每刻都在期待自己可以变得强大，强大到可以让人生长长久久。这么一来，当磨难来临时，我们就可以用十倍、百倍的力量战胜它。只有在磨难中茁壮地成长、成熟起来，我们才能够把人生中所有的磨难战胜，最后站在人生胜利的终点，成就不凡的一生。

绝境划分强弱

美国作家怀特曾说过：“在生命之中，失败、内疚与悲哀在有些时候会将我们引入绝望，但不必退缩，我们可以爬起来，重新选择新的生活。”

人生中的沟沟坎坎总是在所难免的，但就算你深陷泥沼也别绝望，要不断地对自己说：“与天斗，其乐无穷。”再难的问题也总会有解决的办法。只要不放弃，拼命地斗争，一切皆有可能。

1920 年 10 月的一个夜晚，四周一片漆黑，104 名乘客乘坐着一艘名叫“洛瓦号”的小汽船航行在英国斯特兰拉尔西岸的布里斯托尔湾的洋面上。不幸的是，它与一艘比它大十多倍的航班船猛烈地撞击到了一起，“洛瓦号”很快沉没，“洛瓦号”上的 11 名乘务员和 14 名旅客因此失去了下落。

在船只下沉的时候，艾利森国际保险公司的督察官弗朗哥·马金纳也被抛到了海里，情况十分危急。马金纳一掉进海水里就一直在和刺骨的海水和汹涌的波浪做斗争，他顽强地奋斗着，有几名落水者正好在他附近，大家都在海水中拼命挣扎、拼命呼救。

但是随着时间的流逝，周围的呼救声、哭喊声慢慢降低，慢慢消失了……所有人好像都被海水吞没了，周围死一般的

沉寂。

最后，马金纳也筋疲力尽了，他准备放弃，任由死神拥抱自己。突然，一阵优美的歌声传了过来。是一个女人的歌声，嘹亮、坚定、高雅，比教堂里的赞美诗更动听，比声乐家的独唱更有激情。在这么冰凉的海水中，是谁唱着这么热情的歌呢？

这天籁之音深深感动了马金纳，他一下子不觉得寒冷和疲劳了，全身的力量似乎在一瞬间回来了。他重新鼓起勇气，游向歌声传来的方向……

终于，马金纳游到了唱歌人的旁边。他看到她正和另外几个女人抱着一根汽船下沉时漂出来的圆木头。每个人都说是被这个姑娘的歌声和她那种坚定的信念及斗志鼓舞了，所以刺骨的寒冷也没有让他们失神，他们没有放开那根木头，坚强地活了下来。

最后，那优美的歌声吸引了一艘救生艇，马金纳、唱歌的姑娘和其他人都成功获救了。

在这个世上，从不曾有真正的绝境，只是很多人面对困难时都绝望了。如果你自己不曾放弃希望，那么你就会拥有一把利剑，能够击退所有困难。面对危机，只有永不绝望，才能拥抱希望，才能平安度过危机；有些人遇到危机后就信心全无、陷入绝望，就算希望近在咫尺，他也会视而不见。

乐观的人才会满怀希望，而只有充满希望的人生才有继续的可能和意义。如果希望消失，人就会像一条干涸了的江河一样。每天给自己一个希望，你就会因此而不再感到绝望，并渐渐萌生出更多新的希望。

往往就是一念之间，希望和绝望就转换了，很多人站在高山下感伤和绝望地叹息，也有很多人满怀希望地从山下努力地向上攀登着。

生命不会重来，光是活着对于我们来说，就已经足够幸福了，因为活着才有无数可能。乐观的心态能够帮助我们在灾难与痛苦面前支撑下去。珍爱生命的人更不会轻易放弃，只要希望还在，他们心中就不会放弃，就会乐观坚强地活下去！

希望的价值

对于任何人来说，绝望都会比希望更容易占领人的内心。因为我们在受到几次打击以后，就会自然而然地产生负面情绪，

如果打击再多几次，我们就会向黑暗的深渊越滑越近。如果这时候再补上几次打击，你就会变得绝望，失去斗争的勇气，那么你的一切思维将停止，从此永远卡在思维的瓶颈中。

当你绝望的时候，你的整个思维也是黑暗的，天是黑的，地也是黑的，就连空气也是黑的。其实你应该知道，这个世界上的一切都没有变化，只有你自己变了，是消极改变了你的人生。

“迪斯尼之父”——沃特·迪斯尼年轻的时候只是一个饱受折磨、郁郁不得志的穷画家。他贫困潦倒，只能独自住在废弃的车库里。有一只小老鼠每天晚上都会出来，吱吱吱地叫个不停。对他来说，他的生活已经掉到了谷底，但是自怨自艾又有什么用呢？还不如苦中作乐一番。所以，他和小老鼠成了室友，享受起小老鼠的陪伴，有的时候，这只小老鼠还会跳到他的画板上，和他一起玩耍。

很快，他得到了一个去好莱坞参加制作一部有关动物的动画片的机会，这个机会十分难得。在最开始的时候，他的工作进行得并不顺利，迪斯尼总是找不到灵感，也不知道自己应该画些什么，所以他总是在苦思冥想。在一个寂静的深夜，他突然想起了那只陪伴自己的小老鼠，它在画板上上蹿下跳的样子多么可爱啊！于是，迪斯尼有了新的灵感，他拿起画笔，一只活灵活现的小老鼠就出现在了画板上。

没错，这就是卡通形象米老鼠的由来，这部动漫后来风靡了世界。

正是因为迪斯尼在逆境中也能够保持着乐观向上的心态，他才能够突破思维的瓶颈，获得重生，拥抱了最后的成功。

世界上无时无刻不在发生着奇迹，其实很多时候，绝望都在思维的困顿中将奇迹扼杀了。如果此时此刻，你能够满怀希望、重新崛起，那么我相信你就能够突破思维的束缚，创造出下一个奇迹。

当我们遇到打击的时候，心生颓意是正常的，产生“反正我什么事都做不好”等消极想法也很正常，还能进行自我安慰。可如果心中因此产生“人生是没有意义的”“世界就只剩下毁灭了”等绝望的想法，那人生就真的十分危险了，你很有可能会就此掉进思维的瓶颈再也出不来了。

别被困难吓住，也别为此花费太多的精力，因为那样不值得。让我们把精力投入到重塑希望中去吧！相信自己，比起绝望，希望会更加值得拥有。

古时候，有个举人进京赶考，在客栈住的那天晚上他做了三个梦：他先是梦到自己在墙上种白菜，然后又梦到自己在下雨天戴了斗笠，而且自己还打了伞，最后梦到自己和表妹赤身同床，而且背靠着背。

举人很是纳闷儿，觉得是上天在暗示他什么，于是就找了个算命先生来解梦。算命先生听了他的话以后大叫起来：“你还是赶紧收拾东西回家吧！你看，墙头上种菜意味着白费劲啊，戴斗笠打伞就是多此一举，和表妹赤身同床却背靠背，一看就是没戏啊。”举人觉得算命先生的话很有道理，顿时变得心灰

意冷，想就此回家了。

店老板知道他要走很奇怪，问他道：“这还没开始考试，你怎么就要走了？”举人把自己做的梦和算命先生的话说了一遍。店老板笑了：“你别急，正好我也会解梦，你听听我的解释再决定也不迟。你看，墙上种菜就是高中的意思啊，戴斗笠打伞说明有备无患，而跟你表妹赤身同床，背靠背，说明你应该要翻身了啊！”举人一听，觉得更有道理，他信心满满地参加了考试，结果一举高中榜眼。

这就是希望的力量，正是因为怀抱希望，所以才会去拼搏，才会去突破，最后才能达到目标。

月有阴晴圆缺，人生也是如此。我们的心态要像太阳一样永远明亮。我们可以忧伤，但绝对不能被忧伤打败。

现今，我们总是喜欢用价值去衡量一切。我们的心态是如此复杂多变，哪一种心态才是最有价值的呢？又有哪一种心态最能给我们带来价值呢？无疑，希望要比绝望有价值得多，选择希望是我们唯一正确的选择，我们要永远记住这一点。

拥抱希望

谁的人生之路都不可能是一帆风顺的，你是怎么面对逆境和挫折的呢？是逃避、放弃、害怕还是拼命挣扎呢？

一位名人说过：“逆境，要么让人变得更加伟大，要么让

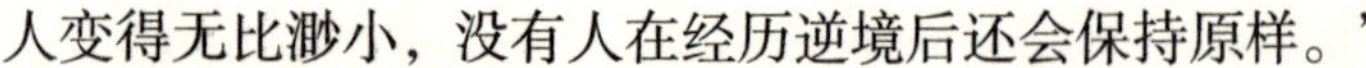

人变得无比渺小，没有人在经历逆境后还会保持原样。”

确实，一批批逃避者都被逆境中的挫折打败了，而一批批坚强的人也都在逆境中找到了自己想要的东西。成功者之所以成功，并不是因为他们的机遇有多好，而是他们能够在逆境中逆流而上，不怕挫折和艰难。他们从不曾放弃过自己的梦想，也始终相信未来是美好的。

李·艾柯卡是美国家喻户晓的人物，最初，他在美国福特汽车公司担任总经理，后来离开福特公司，去了克莱斯勒汽车公司担任总经理。他用“苦乐参半”这个词语总结了自己的人生。

1902 年，艾柯卡跟着尼古拉从意大利移民到美国，因为当时的环境影响，美国人很歧视来自意大利的移民，但艾柯卡是个有骨气的人，每次成绩都很优异。毕业后艾柯卡在福特汽

车公司成为一名见习工程师，可他并不喜欢这份工作，他更喜欢和人沟通，他认为只要他继续在福特公司待下去，他就有机会成为优秀的汽车推销员。

终于，他实现了自己的梦想，可是业绩却很糟糕。宾夕法尼亚州有13个小区，而艾柯卡的销售情况是最差的，所以他很沮丧。可是他的经理查利并没有批评他，还安慰他说："别垂头丧气，总要有人当最后一名的，为什么要烦恼呢？但是你一定要记住，千万不能连续两个月都是最后一名！"

因为查利的鼓励，艾柯卡坚信自己在第二个月一定不会是最后一名，他决定迎难而上。经过摸索，他想出了一个好办法来增加汽车销量：在购买1956年型福特汽车的时候，顾客可以选择先付20%的货款，然后从购车后的次月开始，每月付56美元，分三年付清其余货款。很快，就有很多人去购买福特汽车。而这个办法被艾柯卡叫作"花56元钱买五六型福特车"。自从这个方法出来以后，艾柯卡所负责的小区的销售量就从原来的末位猛地向前冲去，成了榜首。

在满怀希望中，艾柯卡当上了福特公司的总经理。可是8年以后，1978年7月13日，在毫无准备的情况下，大老板亨利·福特就开除了艾柯卡。当时艾柯卡已经是在福特工作了32年的老员工了。

刚开始的时候，艾柯卡十分痛苦，甚至一度失去信心，觉得自己几乎要崩溃了，可他最终还是没有倒下去，他坚信自己遇到的挫折只是暂时的，美好的未来一定就在不远处向他招手，所以他接受了一个新的挑战——担任克莱斯勒汽车公司的总经理。那时候，克莱斯勒汽车公司濒临破产，秩序混乱、纪律松散，而且公司现金出现了周转不灵的情况，公司的副总经理并没有发挥应有的作用，其他管理人员也都各自为政，无人指挥调度，公司生产的车型丝毫没有吸引力，连安全性能也无法保障。

艾柯卡凭借着自己的智慧、胆识和魄力，大刀阔斧地整顿、改革了克莱斯勒汽车公司。他曾求助过政府，也和国会议员舌战过，最后他得到了巨额贷款，使克莱斯勒汽车公司得以重振雄风。

在那段最黑暗的日子里，艾柯卡一直保持着乐观，相信自己一定会得到回报，最终他成了成功者。在他的领导研发下，K 型车被推出，克莱斯勒终于起死回生。慢慢地，克莱斯勒汽车公司成了企业销售领域中杰出的代表。

在逆境中，机遇以及别人的帮助或者运气都不是最珍贵的。其实，在逆境中你最需要的是希望。在逆境中，希望会显得更加璀璨和珍贵。有了希望，我们才能脚踏实地，把自己的事情认真做好；有了希望，我们才可能翻身。如果连希望都失去了，那么我们就算遇见了机遇，得到了运气，收获了帮助，也不会改变什么。

第三章

成功是一种欲望

谁不想要成功呢？每一个人都会有想要成功的欲望，需要注意的是，成功并非想想就能得到。想要成功，就必须努力，不断地去挑战极限，朝着目标不断地前进，永远不放弃、不气馁。困难毕竟只是一时，乐观的精神会帮助我们渡过难关，而一旦放弃就什么都没有了。想要让他人赏识自己，就先努力吧，就先拼命吧，终有一天，你会成为别人眼中的千里马。

拼命让成功更快

拼命是一种人生态度，它会让我们不顾一切地去努力，去获得成功。虽然成功难以复制，但是从历史上很多成功者的身上，我们都会发现他们拥有那种“拼命三郎”的精神。虽然获得成功的因素有很多，但是拼命无疑是其中最容易、最快捷的一种。如果说我们可以通过四通八达的道路通向成功的终点，那么这样的途径是有很多的，但拼命绝对是最快的一条。

一个年轻力壮的青年人不幸死去，他被宣判要下地狱。这个年轻人觉得很冤枉，认为自己应该上天堂，所以就去找众神之王宙斯评理。宙斯在命运三女神那儿查看了他的人生轨迹，发现这个人本来不应该在这时候死去，甚至他还应该有一箱子黄金，于是觉得十分奇怪，就找来了掌管死亡和财富的哈迪斯。哈迪斯说：“确实如此，这个人本来有着很高的智慧，所以那份属于他的黄金我就交给了掌管智慧的雅典娜。”

接着宙斯又找来雅典娜。雅典娜说：“这个人的智慧虽然很高，但是他的文韬武略上面的潜能更加厉害，于是我把黄金交给了掌管战争的阿瑞斯。”

阿瑞斯也过来了，他说：“虽然这个人拥有很高的智慧和非凡的体魄，但是他做什么事情都只是将就，所以我把黄金交

给了大地女神盖亚，免得他把这个机会错失了。”没办法，宙斯就只能找到了盖亚。盖亚无奈地说：“这个人实在太懒了，我怕他找不到黄金，就在他家后院里埋下了金子，只要他认真耕种，多挖一些土，就能够轻而易举地得到那些黄金。可是他从来不曾这么做过，每次都只刨一点点土，连庄稼都长不好，最后只能被活活饿死在床上了。”

宙斯听后很生气，把这个年轻人交给了哈迪斯，让他永远无法离开冥河地狱，那些黄金也被没收了。

如果把一个人比作树木，拼命就像是雨水养料，经常受雨水浇灌并且拥有充足养分的树木一定枝繁叶茂，并且根深蒂固；反之，树木就会低矮枯槁。得不到雨水和养料的树木很难长高长大，而不努力拼搏的人也无法成功。就如同上面这个寓言故事描述的那样，不管一个人的天分再好，运气再好，如果他没有比别人更拼命的精神，那么一切天赋和好运也是白费的，他什么也得不到。

拼命是一种优良的品质，十分可贵。所有具备这种品质的人，做事情时一定能够不顾一切，任何事物都干扰不了他们；所有具备这种品质的人都视死如归，不达目的决不罢休；所有具备这种品质的人能在短时间内就达到别人要很久才能达到的高度。因此，具有拼命的精神，总是会让我们收获非凡。简单来说，假如我们每天都多用一点心，那么经年累月，这个优势就会变得十分可观，我们可以借此而超越他人很多，同时更加省时。

拼命这件事情说困难就困难，说简单其实也很简单。说它困难是因为我们不一定从一而终地坚持下去，而简单则是因为我们并不需要花费多么巨大的努力，更不用悬梁刺股，只需要每天都比昨天更努力一点点就足够了。所以，只要具备拼命精神，就会比其他人更快、更有效地实现理想的目标。

“狠”一点儿，更“狠”一点儿

我们的世界五彩缤纷，人也是形形色色的。有些人才华横溢，却每天游手好闲；有些人天生愚钝，却过得十分充实。这是什么原因导致的呢？这都是因为那些才华横溢的人因为有了自己的独特天赋而变得不再努力，放任自流；而天资一般的人明白自己的缺点，勇于拼搏，对自己愿意更“狠”一点儿啊！

“狠”说得通俗一点儿，其实就是一种拼命精神。是一种为了目标义无反顾，不达目的不罢休的精神。就算一个人的天赋再糟糕，只要他没有自怨自艾，而是严格要求自己，对自己“狠”一点儿，再“狠”一点儿，那么他就会拥有更加优秀的天赋——努力。因此，在生活中我们一定要对自己“狠”一点儿，严格要求自己，不断提高自己，坚持不懈才能够鹤立鸡群。

那么“狠”到底是什么意思呢？其实很简单，我们只要每天多努力一点儿，在别人玩游戏的时候写论文，在别人睡懒觉的时候读书，在别人看美剧的时候进修，那么随着时间的流逝，

你就会看到对自己“狠”的结果。

在古代传说中，老鹰是十分长寿的。老鹰在其他动物眼中简直就是完美的——它们拥有空中翱翔的能力，拥有异常优秀的视力，还拥有锋利无比的爪子，就连寿命也很长——足足有70岁。但为什么大部分老鹰的寿命只有40岁呢?

原来，当老鹰40岁的时候，它就已经很老了，喙变得越来越弯，什么东西都咬不到了；它们的爪子也磨损得十分严重，什么也抓不起来了；就连它们的羽毛也越来越重，导致飞行速度都大不如前了。

一旦到了这个时候，老鹰就不得不进行选择——是就这样苟且地活下去，还是舍命一搏，获得新生。

大多数情况下老鹰都会选择前者，然后孤独地在40岁的时候就死去了。因为后者代表它们要经历一次非常痛苦的折磨。这个完整的过程有数月之久，而且老鹰在这段时间里会变得非

常脆弱，任何动物都可以把它伤害。可是只要熬过这个痛苦的过程，老鹰就能获得新生，再获得30年的寿命。

首先，老鹰要用喙不停地在岩石上撞击，使喙彻底脱落，让新的喙长出来。然后，老鹰要用新喙一根根拔掉自己的羽毛，当新的羽毛重新长出来以后，它们还要一根根拔掉自己的指甲，等待新的爪子重新长出来。这个过程毋庸置疑是痛苦的，可一旦老鹰熬过去就能获得重生，生活就完全不一样了。

这个故事告诉我们，如果我们想要改变自己的人生，就应该对自己“狠”一些。想想吧！“天将降大任于斯人也，必先苦其心志，劳其筋骨，饿其体肤……”任何成功的事业不都要先经历过苦难才能够得到吗？“梅花香自苦寒来”，想要成功，就不妨对自己“狠”一点儿吧！

把拐杖丢掉

拼命是一种态度，而对这种态度最好的诠释就是让自己保持心态的独立和能力的独立。做任何事情都需要独立，做人更是如此。很多时候，人们甚至都没有意识到自己是在拄着拐杖生活，有时候我们觉得自己已经可以独立了，但是实际上我们还是会去依靠他人来完成某些事情。确实，别人的帮助对我们来说是有好处的，但是如果过分地依赖，对我们却不会有一丝一毫的好处。别人的帮助就和拐杖一样，如果我们习惯靠着拐

杖走路，那么一旦我们没了拐杖，就会连走路都不会了。独立的人才有机会在奋勇拼搏中一往无前。

古希腊悲剧《俄狄浦斯王》中有个“斯芬克斯之谜”，说的是人面狮身的怪兽斯芬克斯总是在向路人询问一个问题，回答错误的人将会死去；回答正确的人才能够幸存下来，死去的会变成斯芬克斯自己。而这个问题被俄狄浦斯回答出来了。

许多人都因为这个难题丢了性命：“什么动物早上的时候四条腿，中午的时候两条腿，晚上的时候三条腿，腿越多的时候这个动物越无能？”大家的答案五花八门，只有俄狄浦斯说是“人”。

人刚出生的时候是爬着的，所以说“早上的时候四条腿”，当人们成年就能够自由行走了，因此说“中午的时候两条腿”，年纪大了，人就需要拐杖了，因此“晚上的时候三条腿”。

人的一生正如这个谜题一样，最开始是四肢着地爬行、蹒跚学步，然后是两脚站立、双足飞奔，最后步履蹒跚、老态龙钟，斯芬克斯之谜十分形象。谁也逃脱不掉这三个时期的三种状态，而第二种，即“两条腿”自由行走的时期占据了我们人生的大半，因为我们总是会成熟独立的。可是在现实中，真正懂得怎样才算独立的人却很少，因为很多人都活在假象里面，觉得自己是“靠两条腿走路”的，可实际上他们手里一直都拄着根“拐杖”，自己却不知道。

从前，一个遇到困难的人去观音寺里上香，想要求观音保佑自己，好让自己渡过难关。可当他走进观音寺后，竟然发现有一个和观音一模一样的人正在拜观音。他觉得很惊异，问道：“你是不是观音呢？”

“是的，我正是观音。”

“那你为什么要拜自己呢？”

“因为我也遇到了难事，可是我明白，自己的路只能自己走啊！”这人听后恍然大悟，离开了寺庙。

在现实中，有不少人遇到难题或者棘手的事情时，第一反应往往是思考能不能获得别人的帮助或提示，好让自己的事做起来更加容易，效果也能够变得更好。但总是依赖别人帮忙的话，这种心态会慢慢渗透到生活中的各个方面，这么一来，不管以后碰到什么事情，我们都会先向别人求助，自己只想要坐享其成，希望能够不劳而获。

目前，这种心理是十分常见的，并且已经深入到生活中的每个角落。人们就像是一个身强体健的人走路一定要拄着一根拐杖一样依赖着外界帮助，长期下去，这个人一旦失去了拐杖就不会独立行走了。心智不健全不成熟的人更喜欢依赖别人，但在很多自以为已经很成熟的成年人身上也会有这种心态，而且这种心态会导致后患无穷，因为把大部分赌注压在别人的帮助上无疑是十分被动的。

不管怎么说，别人的帮助总是有限的，就算帮助再有用，最后事情还是要由我们自己解决。千万不要太依赖“拐杖”，因为“拐杖”就好比给自己限定一个框架，所有在这个框架里面的事情我们才可以凭借自己的能力完成，有些事情也许只是

缺少了一些我们认为“必要”的条件，就说这事情“不可为”，超出了框架。“拄着拐杖”生活的人最大的悲哀莫过于此了。

我们要把手里的“拐杖”丢掉，凭借自己的双腿站起来，靠自己的双脚走路。就算有时候我们站不稳、走不远，但就算迈出一步也是超越自我。经历过一番拼命历练后，所有的事情都会变得越来越好，终有一天，我们可以凭借自己的双腿飞奔在人生道路上。而这一切，都只需要我们主动把那根“拐杖”丢掉。

挑战方得成功

失败者总是抱怨上苍不公，成功者却扼住命运的咽喉。人生中难免会遇到很多不公平，但总体来说，命运终究是公平的，因为它给每个人都留了向它挑战的机会。要敢于向命运挑战，勇于对自己的命运说“不”，这样才可以不断提高自己，一步步靠近自己的目标。

生活就是一个大集合，问题层出不穷，总是会有一些事情不如意。命运有时候会显得格外残酷，让我们追求的东西变得高不可攀，让我们珍视的东西毁于一旦。但是生活毕竟还要继续，地球不会因为你我的灾难而停止转动，所以我们不能让命运击倒自己。我们要有信心和希望，勇于拼搏，勇于挑战，这样，我们才能够得到世界的喝彩。

贝多芬是一位伟大的音乐家，但他从小就受尽了磨难。他的家境并不好，父亲酗酒，母亲早早离开了这个世界。青年时期，他又双耳失聪，这样的打击，对于一个音乐家来说就像是被判了死刑。不仅如此，贝多芬还失恋多次，有时候，他甚至沮丧得想要自杀，甚至连遗书都写好了。可是他没有被命运打败，而是向困难发起挑战，不断鼓舞自己，积极抗争。最后，他用音乐证明了这个世界还是有很多事情都是美好的、值得歌颂并让人留恋的。

贝多芬在《c 小调第五交响曲》，也就是著名的《命运交响曲》的第一乐章的开头写下了“命运在敲门”这句警语。后来，全球演奏次数最多的交响乐之一就有这首交响曲，其音乐能够让人强烈地感受到震撼和感动，这种感觉难以言表。整整 5 年的时间里，贝多芬反复推敲、酝酿并最终完成该曲，这首曲子也完美诠释了他一生都在和命运抗衡。“我要扼住命运的咽喉，它决不能使我完全屈服”，这是一首胜利的凯歌，说明了英雄意志能够战胜宿命、光明终究会战胜黑暗。

假如贝多芬顺从了命运，没有坚持下来，丧失了挑战、拼搏的精神，那么如今这么多优美的音乐篇章也就不会和我们见面了。

在地球上，唯一一种直立行走的哺乳动物就是人类。因为我们人类在最开始形成的时候就向命运发起了挑战，不愿接受四肢行走的命运，所以解放了双手，成了万物灵长，站在了世界之巅。命运是公平的也是残酷的，它不会因为我们的逃避而

停下，也不会以我们的意志为转移，当命运来临，我们只能去接受，可当我们饱受折磨的时候，我们在接受的同时，还能去跟命运抗争。那些不肯向命运低头的人往往成了最后的胜利者；而屈服于命运的人，则只能被命运打败，成为可悲的失败者。

在我们生命中遇到的所有困难都是命运给我们的挑战，一味地去抱怨这些逆境是没有用的。让我们坦然地接受它们，然后用自己的行动把这些逆境和劣势一一战胜吧！

举个例子，有些人个子不高，可是对打篮球有着浓厚的兴趣，那他们就可以经过后天的努力，克服这个障碍，身高的不足完全可以用超人的弹跳力来弥补；有些人先天性色弱，可是对绘画十分钟情，那么他们的色彩也许很难达到很高的水平，但这个先天的劣势却是能用工笔来弥补的。不管怎么说，上帝毕竟是仁慈的，当他关上了我们面前的一扇门时，会给我们留下一扇窗，只是我们要用挑战才能打开。

假如一个人想要成功，那就必须要敢于拼搏，只要勇于挑战命运，不被艰苦的环境和条件干扰，并勇于接受挑战，相信自己能够奋斗到底，那么我们终将会战胜一切困难。

有些人经常抱怨条件艰苦、困难重重，但这其实只是失败者用来开脱的借口，想想贝多芬吧！这些所谓的困难能有多难呢？只要我们具有远大的抱负和坚定的信念，勇敢地去面对挑战，把无穷无尽的力量迸发出来，就不会被命运束缚，我们自己的潜能才可以发挥出来，从而主宰命运。

往往在我们毫无准备的时候，困难就出现了，但是“狭路相逢勇者胜”。面对悲惨的命运，我们应该竭力奋斗，向命运挑战，将命运的咽喉牢牢扼住。

坚持不懈，永不言败

一个成功的人是不放弃不言败的，放弃、言败的人是不会成功的。抱定正确的目标，永不放弃、永不言败，这便是成功的秘诀。永不放弃、永不言败是一种对自我充分肯定的信念，是一种咬定青山不放松的坚韧，是一种运筹帷幄决胜千里的气概。

艾柯卡曾经当过美国福特和克莱斯勒两大汽车公司的总经理。艾科卡在21岁时开始担任福特汽车公司见习工程师，他在工作上一直非常努力，在每件事上都要求自己表现完美。最

终他当上了福特公司的总经理，但是在 1978 年 7 月 13 日，老板亨利 · 福特二世因为妒忌他，把他开除了。

艾科卡在事业上一直顺风顺水，从来没想过自己会被老板开除。一夜之间，他仿佛从云端重重跌落，大家都远远避开他不说，就连以前关系好的同事也都不理他。可以说这是他生命中所遭遇最严重的一次打击。

艾科卡曾经这样说过："艰苦的日子一旦来临，你除了做个深呼吸，并且咬紧牙关、继续奋斗之外，实在别无选择。"因此，他并没有被打倒，反而去接受了一个新的挑战。他去了濒临破产的克莱斯勒汽车公司应聘总经理一职。他凭借着过人的智慧、胆识和魄力，雷厉风行地对克莱斯勒公司进行整顿和改革，同时他为了取得巨额贷款，向政府求援，并且舌战国会议员，重振了企业的雄风。

在 1893 年 7 月 13 日，艾科卡亲手交给银行代表一张面额高达 8 亿多美元的支票，克莱斯勒汽车公司终于把外债全部还清。很巧的是，5 年前的这一天，正好是艾科卡被亨利 · 福特二世开除的日子。

有时看起来是在逆境，实则是处于顺境的起点，关键在于你能否能够把失败变为成功道路上的基石。失败就是一个更明智的重新开始的机会，即便你心里已经做好了经历考验的准备，但是现实比想象的要严峻得多，一连串的失败将会接踵而至。

虽然想要获得成功非常困难，但你只要有永不言败的意志，那么就会成功地杀出一条血路，这样你就可以开怀大笑了。那些取得辉煌战绩的人，都是拥有坚强意志，而且还会正确对待失败的人，因此，他们才会取得辉煌的战绩。只要心中永不言败，就会促使你战胜失败取得成功。

爱迪生说：伟大高贵的人物，最明显的标志就是有坚定的意志，不管环境变化到何种地步，他的初衷与希望仍然不会有丝毫的改变，而终能克服障碍达到所期望的目的。

其实生命本就是一场无形的赌博，在还没有绝望之前，你必须要赌下去。因为不存在永远的赢家，所以不会一直输。即使输了，我们也因曾豪赌过一场，不枉到人世间历练一番。假如我们真的输得“分文皆无”，那除了“赌”还有“搏”，就重新开始好好地搏上一场，可能还有希望收获。毕竟我们还有很多时间去为自己疗伤，我们还有可以作为本钱的生命。

划定目标

每一个人都应该为自己规划人生，设定好自己的人生目标。假如没有目标，那生命将会枯竭。设立了什么样的目标，就会有什么样的人生，因为目标就是人生的方向。想要拥有成功和幸福，那就先确立自己的目标，然后向着这个目标冲刺。

有这么一个寓言：

有三只小鸟，一起出生，一起生活，一起长大，一起学飞，一起寻找安家落户的位置。

为了安家，它们飞过了很多高山、河流和丛林。当飞到一座小山上时，一只小鸟落到一棵树上，决定停留在这里，不再飞走了，认为这里就是它的目标。因为它觉得这里很好、很高，成群的鸡鸭牛羊，甚至是大名鼎鼎的千里马都在羡慕地仰望着它，它觉得能够在这里生活，就该满足了。

另外两只小鸟却失望地摇了摇头，它们想飞到更高的地方去看看，便又踏上了飞行的旅程。它们的翅膀变得越来越强壮了，终于飞到了五彩斑斓的云彩里。其中一只陶醉在云彩里，沾沾自喜地说，自己不想再飞了，能飞上云端已经非常了不起了，也是它这辈子最大的成就了。于是它便停留在此地了。

而另一只小鸟很难过，它坚信自己还能飞到更高的境界，它要向着更高的目标前进，只是遗憾的是，只能独自去追求了。

于是，它便振翅翱翔，奔着九霄，奔着太阳，执着地飞去……

后来，落在树上的小鸟成了麻雀，留在云端的小鸟成了大

雁，飞向太阳的小鸟成了雄鹰。

这三只小鸟因为追求的目标不同，最终决定了各自不同的人生。

目标可以让我们产生积极性。当你确定目标后，那目标就是你努力的证据，也是对你的鞭策。目标相当于一个可见的射击靶，当你努力去实现这些目标后，你就会有成就感。随着时间的推移，当你实现了一个又一个目标后，你的思维方式和工作方式也会慢慢得到改变。

成功可以让我们变得快乐，但是想要做一个有成就的人，就必须清楚自己想要的成就是什么。否则就像在太平洋中行驶的航船失去指南针一样，随风飘荡，最终哪里都到达不了。

成功不是说说就能实现的，要想取得成功，第一是定下目标，第二是计划如何达成目标。这个计划必须谨慎构筑，有力执行，才可能取得成果。这听起来大家好像都能明白，但是奇怪的是，这世上只有少数人知道，唯一超越别人的方法就是为自己制定目标及执行计划。

有一位很出名的企业总裁比尼曾说过：一个普通的职员心中有目标，那么他就会成为创造历史的人；倘若心中没有目标，他就只能是个平庸的职员。

没有目标的人就和没有舵的航船一样，一直漂泊不定，最终到达的海滩只是充满着失望、灰心和丧气。失去目标是人生最大的悲剧，一个人一旦没有了目标，那就预示着他人生的浪漫剧落下了帷幕。

困难只能打败弱者

你了解过自己能变得有多坚强吗？

美国麻省理工学院做过一个非常有趣的实验，就是把小南瓜用一个铁圈圈住，方便观察南瓜在长大过程中对这个铁圈的压力有多大。研究人员希望通过了解南瓜在这个过程中和铁圈互动的力道有多少，来了解南瓜承受的压力有多少。

刚开始，他们估计五百磅是南瓜能够承受的最大的压力。可研究结果表明，整个南瓜在承受超过五千磅的压力后，南瓜皮才会破裂。

南瓜中间被坚韧牢固的层层纤维填满，它们试图突破包围南瓜的铁圈。为了能充分吸收养分，以便于突破限制它成长的铁圈，南瓜的根部延展范围令人吃惊，所有的根都往不同的方向全方位伸展，最后，这个南瓜独自把整个花园的土壤和资源都接管控制了。

很多人对自己能够变得有多么坚强一点儿概念都没有。一个南瓜能够承受如此巨大的外力，要是换作一个人在相同的环境下，那又能够承受多大的压力呢？当你敢于在充满荆棘的道路上奋进，那么你所承受的压力会超过我们所设想的压力。

桑德斯上校是在65岁时才开始创办肯德基连锁店的。那个时候，他身无分文且孑然一身，当他拿到生平第一张只有

105 美元的救济金支票时，内心实在是非常的沮丧。他没有抱怨社会，也没有写信去骂国会，只是心平气和地问自己：我对人们作出了什么贡献呢？我有什么可以回馈的呢？后来，他就思索自己有什么特长，试图找出自己可为之处。

他突然想到了自己拥有一份人人都喜欢的炸鸡秘方，就考虑要不要把这个秘方卖掉。后来他又想到卖掉秘方的钱还不够交房租，要是卖给餐馆，餐馆因此生意很火，客户点名要炸鸡，餐馆老板说不定会从中抽提成给他。

每个人都可以想到好的点子，但桑德斯上校的不同之处就是他知道怎么去付诸行动。随后，他就一一敲每家餐馆的门，并告诉他们说，自己有一份上好的炸鸡秘方，如果能采用，餐馆生意一定能够提升，希望到时候可以从增加的营业额里得到提成。

很多人都嘲笑他说：“要是真有这么好的秘方，为啥你还穿着这么可笑的白色服装？”这些话丝毫没有让桑德斯上校打退堂鼓，他并没有因为前一家餐馆的拒绝而懊恼，反倒为了更有效地去说服下一家餐馆，他用心去修正说词，之所以能这样做，是因为他拥有不怕挫折的心态。

桑德斯上校每天骑着自己那辆又旧又破的老爷车自我推销，在美国每个角落都留下了足迹。困了就睡在后座，醒来见人就说他的那些点子。他给人示范所炸的鸡肉，经常就是自己果腹的餐点，经常就这么匆匆地解决了一顿。历经 1 009 次的拒绝，在整整两年后，他终于听到了“同意”这两个字。经历

了 1 009 次的拒绝后，终于有人采用了他的点子。

试问有多少人能够锲而不舍地坚持下去呢？可能世上也只有桑德斯上校能做到。能接受 20 次拒绝的人都很少，更不要说 100 次或 1 000 次的拒绝。然而这就是成功可贵的地方。

乐观面对失败

我们难免会遇到很多困难和挫折，成功者之所以成功，是因为他们能坚强地面对困难，而失败者之所以失败往往也是因为他们面对困难总是裹足不前，害怕不已。爱迪生是伟大的发明家，他曾经说过：厄运对乐观的人无可奈何，面对厄运和打击，乐观的人总会选择以笑脸迎接挫折。

泰戈尔也说过：“不要让我祈求免遭危难，而要让我能大胆地面对它们。”

在新西兰有位安妮小姐。在移居后，她任职于波士顿的一家电视台，1990 年，她担任了 CNN 摄影记者。1992 年 6 月，她被派往已经死去多名记者的萨拉热窝进行战地采访。

在萨拉热窝逗留了 6 个星期后，安妮对周围的流弹已经习惯了。一天早晨，车窗玻璃被子弹击穿，她的脸部正好被击中，她的半边脸几乎都被掀掉了，她的颧骨被打得粉碎，牙齿没了，舌头也断了。送到诊所时，大夫们都认为她救不活了，纷纷摇头。可是她在经历 20 多次手术后又回到了工作岗位。这就像奇迹一般！那时候，她的下颌仍什么感觉也没有，连弹片都还留在脸部，她整整瘦了 8 公斤。更令人吃惊的是，她要求重返萨拉热窝。

她幽默地说：“在那里我也许还能找回我的牙齿呢？”甚至说，她还想认识一下当初袭击她的枪手。

有人好奇地问她：“如果你见到那个枪手，你会怎么做呢？”她说：“我会请他喝一杯，向他询问几个问题，比如，问问他当时和我的距离有多远。”

安妮是一个坚韧的女孩，她面对厄运的乐观态度证明了这一点，所以她才能够把挫折的阴影迅速摆脱，积极地投入于新工作中去。

威廉·詹姆斯说：“完全接受已经发生的事，这是克服不幸的第一步。”

有位伟大的哲人曾经说过："太阳底下所有的痛苦，有的可以解救，有的则不能；若有可能解救，就去寻找方法，若无，就忘掉它。"

那么什么是快乐？快乐是生命之花，怒放在人生土壤里，用血、泪、汗才能浸泡出来。惠特曼也曾这么说过："只有受过寒冷的人才感觉得到阳光的温暖，也只有在人生战场上受过挫败、痛苦的人才知道生命的珍贵，才可以感受到生活之中的真正快乐。"

托尔斯泰有一篇散文名篇，叫作《我的忏悔》，里面有这么一个故事：一只老虎追赶着一个男人，男人惊慌之下掉落悬崖，幸好在跌落过程中他将一棵生长在悬崖边的小灌木抓住了，勉强支撑着自己。这时，他发现自己已经走到了绝境：一只凶恶的老虎正在头顶虎视眈眈地望着他，而悬崖底下竟还有一只老虎，更糟的是，悬着他生命的小灌木的根须也被两只老鼠啃咬着。他很绝望，但是他突然发现在伸手可及的地方生长着一簇野草莓，所以，这个男人摘下草莓塞进嘴里，感叹说："真甜啊！"生命也是这样，当我们被痛苦、绝望、不幸和危难步步紧逼，进退两难的时候，我们千万别忘了再享受一下野草莓的滋味。要知道，快乐的真谛正是苦中求乐啊！

不屈不挠，直面失败

身为企业员工，谁都有自己的价值体系，而如何看待成功与失败是其中最重要的一条。成功有什么？失败又会怎么样？这些都只是外在的表现和评价，而我们自己才是内部核心。这里面最重要、最公平的衡量标准就是我们自己的态度、心情、观念、思想和身体。千万别因成功而沾沾自喜、骄傲自满、故步自封、利欲熏心，而如果失败了，也不要垂头丧气、自暴自弃、裹足不前、一蹶不振、畏首畏尾。不管怎么样，我们都要保持积极乐观的态度，让自己的心情轻松快乐，努力吸收开放现代的观念，使自己的思想深刻有力，身体健康强壮，让各个方面都达到和谐，这样一来，我们才能够成为优秀的员工。

李聪是一名优秀的企业领导人，他从失业、打工再到后来的失业，最后成为企业领导，称得上经历了人生的酸甜苦辣，他最后之所以能成为杰出的领导，与他屡战屡败、屡败屡战的积极乐观的精神密不可分。1994 年，李聪毕业于哈工大工业电气化专业，他因为出色的成绩被厦门某单位聘用，不幸的是，这家单位没多久就陷入了困难的境地，李聪还没过实习期就失业了。

从此，李聪前前后后换了 30 多家单位，推销、送货物、各种短工他都干过，屡战屡败，屡败屡战，他从不曾放弃，而

幸运也因此降临。

当时，李聪在一家商场做临时工。他去了一家贸易公司安装空调，他轻手轻脚、小心翼翼地拿起再放下，一点儿噪声都没有发出，在安装完后，他又仔仔细细地打扫了现场。巧合的是，他安装的那间屋子正是总经理的办公室。而从李聪进入办公室开始，总经理就一直看着他。在他准备离开时，总经理突然开口询问他是否受过教育，李聪实话实说，还告诉他自己目前没有长期工作。总经理听后很高兴，说："那你会修空调吗？"李聪觉得有机会，心中暗喜，说："原理一样，应该没问题。"那位经理便推荐李聪去了他朋友开的一家维修空调的公司工作，李聪喜出望外。

因为是朋友介绍的缘故，而且李聪技术很好，他很受维修空调公司老板的器重。顾客也很喜欢他，觉得他踏实勤快，因此口口相传，他的客户也越来越多。年终时，李聪拿到了丰厚的提成，从此如鱼得水，从最开始一文不名的修理工成了主管，又升职为经理。

无疑，大家都敬佩李聪这样的人：就算碰到了巨大的打击和挫折，也从不灰心或是逃避，依旧尽心尽力地去做他力所能及的事；困难打不倒他，也无法让他退后，他从不曾停下来，而是不断努力，不断前进！

谁能不失败呢？别害怕失败，怎么面对失败、对付失败才是最重要的，因为它决定了人生的成败。

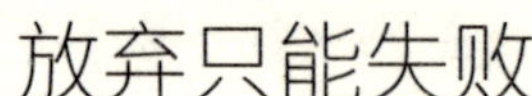

放弃只能失败

在《蔷薇园》中，波斯作家萨迪写道：“事业常成于坚持，毁于急躁。我在沙漠中曾亲眼看见，匆忙的旅人落在从容者的后面；疾驰的骏马落后，缓步的骆驼却不断前进。”由此可知，坚持对一个人成就事业是多么重要。

约翰逊今年24岁了，是一位平凡的美国人，他抵押了母亲的家具，用得到的500美元贷款开了一家小出版公司。《黑人文摘》是他创办的第一本杂志，为扩大发行量，他组织了一系列以“假如我是黑人”为题的文章，并请白人站在黑人的角度，严肃考虑这个问题，认真地去书写文章。他认为，假如自己能请罗斯福总统的夫人埃莉诺来写一篇这种文章一定很棒。所以，约翰逊写信请求了罗斯福夫人。

很快，约翰逊就收到了回信，罗斯福夫人太忙，没有时间写。约翰逊并没有放弃，决定坚持下去，一定要请到罗斯福夫人。

约翰逊在一个月后再次写信请求了罗斯福夫人，夫人回信仍说太忙。从此以后，约翰逊每过一个月就给罗斯福夫人发去一封请求信。而夫人也总是回信说实在抽不出空。约翰逊从不曾放弃，因为他相信只要自己坚持下去，总有一天能等到夫人有空。

一天，报纸上报道说罗斯福夫人在芝加哥发表了谈话，他

决定再试试。他给罗斯福夫人发了份电报，询问她是否愿意趁在芝加哥的时候写一篇以“假如我是黑人”为题的文章。终于，约翰逊的坚韧感动了罗斯福夫人，她寄来了文章。而《黑人文摘》的发行量在一个月之内从原来的 5 万份变成了 15 万份，约翰逊的事业由此发生了转折。慢慢地，约翰逊的出版公司成了美国第二大黑人企业。1773 年，芝加哥市的广播电台被约翰逊买下，里面主营新潮妇女化妆品。约翰逊认为母亲的教诲对他的成功大有裨益：“要努力才能取得成功，那么失败就在所难免。我们要像长跑运动员那样，勇往直前，坚持不懈，你可能会勤奋地工作一生却依旧毫无建树，可如果你不努力工作，你就无法有所成就。”

人生不可能永远顺利，遇到坎坷和挫折是在所难免的。世

界上为什么会有强有弱呢？那是因为面对命运的挑战，有些人说：“我会坚持下去，勇敢面对。”有些人说：“算了，我承担不起后果。”

几乎所有杰出人物都有一个共同的特点，那就是坚持下去，这几乎成了他们生活中的一个基调。所有成功者在确定了自己的正确道路后，都在坚持着，忍耐着，奋斗着，直到获得胜利。作家罗兰在《罗兰小语》中写了一句至理名言：“唯有埋头，乃能出头。”这也成了所有成功者的人生信条。她还说：“急于出头的，除了自寻烦恼之外，不会真正得到什么。像一粒种子，你要它长大，就必须先经过在泥土中挣扎的过程。不肯忍受被埋没的苦闷的话，暴露在空气中一个短时期之后，就会永远地完了。”

第四章

坎坷是人生的必修课

坎坷是人生的必修课。遥望坎坷，就犹如一座遥不可及的珠穆朗玛峰；坎坷是阻挡我们前进的绊脚石。为了更好地生活，我们应当以乐观的心态面对坎坷，不要沮丧，不要悲观，不经历风雨，怎能见彩虹，面对坎坷，我们要勇往直前！

丢掉抱怨，珍惜生命，活在当下

生活中喜欢抱怨的人比比皆是。他们抱怨自己生不逢时，抱怨自己只是付出而没有收获，抱怨生活不如意，这样的抱怨往往会让自己失去生活的信心。要知道，谁的人生也不是一帆风顺的，可是你是否努力要改变现在的生活境况呢？

一位著名的心理学家曾经说过，有人易情绪低落、自暴自弃，无法适应环境，这是因为他们胸无大志。他们没有自知之明，喜欢处处与人攀比，总梦想着能获取与别人一样的机缘，从而获取成功。这样的人总是看到了别人好的一面，拿别人好的一面跟自己的坏运气对比，这样的心态永远无法正视现实。

英国著名的政治家、改革家威廉·威伯福斯是一个身材奇矮的人。作家博斯韦尔在一次听过他的演讲之后，这样评价他："他刚站到台上，我觉得他真是个小不点儿。但是我听他的演说时，越听越觉得他人变高大了，到后来竟觉得他是个巨人。"

对于威伯福斯来说，身材矮小已经是一辈子无法改变的事实了。可是，就是这样一位身材奇矮、终生病弱的人，靠着积极的心态，一生致力于反对奴隶贸易、废除英国的奴隶贸易制度。

糟糕的经历，每个人都有过，关键是你对待这样的经历是用怎样的心态。如果一味地抱怨，就会无所作为，就会逃避责

任，躲避义务，就会一味地沉沦下去。

约翰是一个普通人，他身边的人总是无忧无虑地生活着，但是约翰就没有那么幸运了。他几乎没有开怀大笑过，即使有开心的事情发生时，他一想到自己的身份是一个私生子，就感觉自己不配拥有开心的微笑，被遗弃的痛苦总是浮上心头，总是感觉只要不被别人嘲笑，就已经很好了，所以他总是一副苦瓜脸。

正因为如此，约翰的妻子离开了他，没多久，他的母亲也去世了。他感觉自己被世界抛弃了，他感觉自己已经不能再承受人生的坎坷了。既然上帝已经抛弃了他，他感觉自己已经没有必要再活在这个世界上了。

于是，约翰便想喝农药来了此残生。当毒药下肚，他突然明白了，自己的生命是母亲生命的延续，即使生活坎坷，也应该活下去，不为自己，为了母亲，想到此，约翰便昏倒了。

幸运的是，约翰没有死。他看到来往的路人，很庆幸上帝眷顾自己。从此，约翰开始渴望自己的新生活，他决定坦然面对生活，不再抱怨，顽强地生活下去。

我们无法改变自己的生活经历，尤其是一个人的出身。如果我们怨恨出身不好，那么接下来的人生路将会充满烦恼和挫折。一个人只有正视现实、接受现实，采用积极的人生态度去面对生活，那我们的人生路才能充满乐趣。

所以无论何时何地，不要抱怨人生，因为我们的人生中充满了机会，当然，也充满了坎坷。当我们面对困难时，不要抱

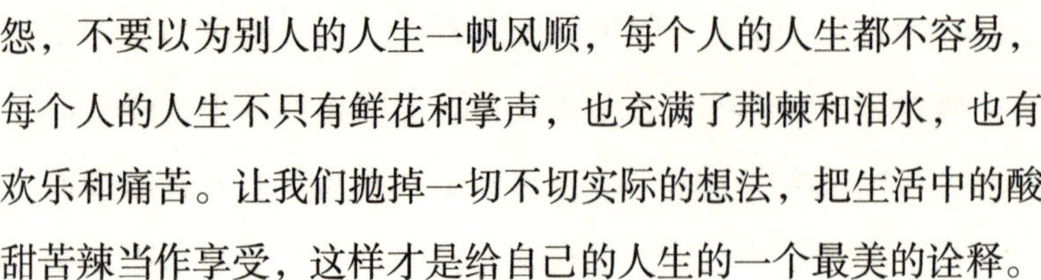

怨，不要以为别人的人生一帆风顺，每个人的人生都不容易，每个人的人生不只有鲜花和掌声，也充满了荆棘和泪水，也有欢乐和痛苦。让我们抛掉一切不切实际的想法，把生活中的酸甜苦辣当作享受，这样才是给自己的人生的一个最美的诠释。

正视现实是最好的选择

著名的圣严法师曾经说过：“面对它，接受它，处理它，放下它。”这句话对于浮躁不安的人来说，是一剂良药。一个人面对生活的磨难时，要学会接受事实，拒绝抱怨，然后用努力去改变它。

生活中到处充斥着无法改变的事实、错误、伤痛和苦难，我们为此烦恼抱怨，也曾向他人求助，但都无济于事，脱离烦恼还是要靠我们自己。放下过去，活在当下，享受现在的酸甜苦辣。

我们应该明白，事实就摆在那里，不管你愿不愿意去接受，丝毫无法改变现实，所以我们要抛掉一切不切合实际的幻想，坦然接受命运的安排。

第二次世界大战期间，伊莎贝尔·罗琳的丈夫约翰和侄子杰夫都参军去了前线。9个月后，罗琳收到了丈夫阵亡的通知书，她伤心极了。与此同时，她收到了侄子的来信，她想到自己还有一个亲人，便鼓足勇气活了下去。

一年半后，不幸又降临到了罗琳的身上，他的侄子也阵亡了。此时，罗琳再也平静不下来了，她失去了生活的信心，决定远离家乡，远离了这个充满伤心和不幸的地方，她收拾东西的时候，看到了丈夫去世时侄子写给她的信。信中说：当我的父母意外去世时，你鼓励我撑过去；你还对我说，我的父母会在天堂看着我，他们希望我坚强地活下去，希望我每一天都快乐。我一直没有忘记你对我的教导，无论身在何处，都要像一个男子汉一样，勇敢地面对生活。现在，请为了我，也为了在天堂里的约翰，你要接受这个现实，勇敢地活下去，请相信你是我最崇拜的亲人，请你面带微笑，微笑着承受这一切。

罗琳不厌其烦地读着这封信，她感觉杰夫就在身边，杰夫那双眼睛正望着她，似乎在质问她：为何你不按照你教导我的那样去做呢？看到这里，罗琳打消了离开的念头，充满信心地对自己说："我应该微笑着继续生活下去，我不能让悲痛打倒自己。"罗琳做到了，她坚强地面对这一切，她坦然面对无法改变的事实。

现实是变化莫测的，美好的生活我们当然可以接受，但残酷的现实却给我们带来了痛苦，当然，这不是我们所希望的。当下我们唯一可做的就是坦然接受，然后从实际出发，不能让痛苦主宰我们，这样只会让我们的生活永远地失去阳光。

接受和面对现实，面对生活，我们重新开始，充满信心去寻找生活的新起点。诗人惠特曼曾经说过，让我们学着像树木一样，顺其自然地去面对风暴、黑夜、饥饿、意外等挫折。

要知道，接受现实并不是逆来顺受，更不是不思进取，而是要敢于面对苦难的心态，它是一种积极向上的人生态度。

世上无难事

乔治的公司很红火，家庭也很和美，很多人都非常羡慕他。然而在这之前，却很少有人知道他曾经非常落魄，没有工作，没有生活来源，曾经一度陷入彷徨和焦虑之中。他喜欢看书学习，但思绪却杂乱无章。初入社会，没什么经验，他就像一只彷徨的小鸟，在这个陌生的城市里横冲直撞，试图找一根安稳的树枝，让自己停歇一下。

就连女朋友也看不起他，嫌弃他的出身，嫌他的工作不体面。这些极大地伤害了乔治的自尊心，他只能默默承受着，也深知自己的确没有成功。

这时候，女朋友给他下了最后通牒：回老家接受家里给安排的工作，或者分手。坦白地说，乔治曾经犹豫过、茫然过，不知该如何抉择，是向现实妥协，还是放手一搏？

最终女朋友离开了他，临走时对他说："在你的心里还是实际的利益重要，我不如你获得更好生活的渴望重要。任何一段关系或许都是不平等的，我没有我以为的那么重要，你也没有那么在乎我。"其实我知道，我非常在乎她，只是我不想一事无成。我不想回到老家，接受一份自己不热爱的工作，那样我会生活在悔恨和痛苦当中，我不相信，那样我会过得更好。不论是生活，还是工作，我都希望证明自己，凭借自己的力量守护自己的爱人，只是她有点等不及了，而那时的我却没有资格留下她。这些话只是乔治的心里话。

庆幸的是，他如愿以偿进入世界500强的公司，担任团队主管。现在的乔治喜欢在宁静的下午，品着绿茶，望着平静的江面以及街道上来往的人群。他希望这一切永远留在自己的脑海里。我们回想过去就会看到，清晰的时光是怎样延展开来的，我们是怎样得到我们想要的生活的。年轻人的满腔热血是对抗这个世界的全部底气。我们坚信自己生来背负使命，生活的磨

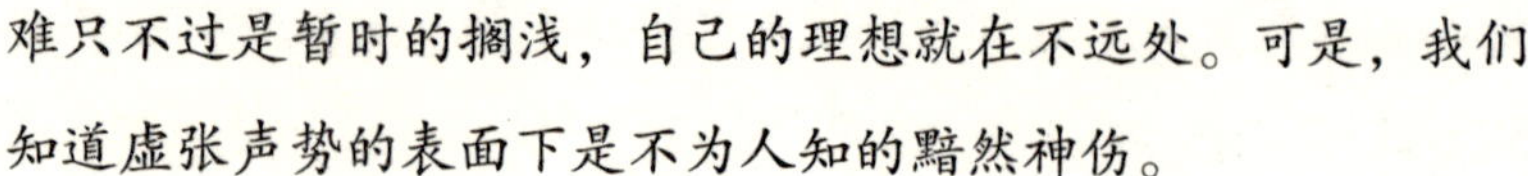

难只不过是暂时的搁浅，自己的理想就在不远处。可是，我们知道虚张声势的表面下是不为人知的黯然神伤。

虽然分手已经多年，但乔治并不后悔。唯一后悔的就是，分手的方式或许太糟糕了，但细想下，糟糕的分手方式不过是试图通过在世间引起一点儿安全感来保护自己罢了。

此后，乔治立下誓言，一定要强大起来，对自己的选择一定要谨慎再谨慎，不要轻易迷失在各种诱惑当中。

人生处处面临选择，就像当年为了自己的事业，而放弃了感情，为了自己的生活目标，而放弃了看得见的安逸生活。我们的人生需要走很长的路，或许才会懂得什么是生活，才会懂得我们所作的抉择意味着什么。

在人生的十字路口，向左还是向右？是怨愤还是原谅？我们需要褪掉过去的旧壳，才能获得崭新的人生。

刚刚走出学校大门的乔治同千万个年轻人一样，心中充满着理想，充满着期待。只是实现的过程却异常的艰辛，需要漫长而严厉的磨砺，才能展现锋芒，实现自己的理想。

而这已经足矣。生活的磨难最终还是结出了美丽的果实，从而没有辜负时光的蹉跎。

只是很多时候，我们从心底里愿意停留在原地，或者选择更容易的那条路，而缺乏向前的勇气。我们习惯迎合别人，去顺从大多数人的意见，做什么都不想太孤单，不想标新立异。

也许，那些太早放弃的人，不是没有能力，而是心中有太多的挣扎和假设，便失去了承受美丽失去后的勇气。但是，我

们总是要对自己负责，不管是工作，还是人生。在我们摇摆不定的时候，扪心自问，是否愿意凭信心等待和领受呢？是坚持还是离开？但我们要明白，不同的选择会有不同的结果。

当我们左右为难之时，请不要失去信心，因为它可以支持我们度过难挨的岁月。每个人一生中都会有许多期盼，凭着这份期盼，我们可以缓解难堪，消除慌张，可以从险境中脱困，在危难中存活，从病弱中恢复活力，从艰辛中获得安稳。

对于乔治来说，他的期盼可以给现在的家庭一个合理的交代，给过去的挫折一个完美的结果，给不远的将来一份无悔的答卷。

至少等到两鬓斑白，我们回首往事时，可以自豪地说："人生中，我没有被生活的磨难打败；我不得不辜负过一些人，但我没有辜负我自己。虽然我的事业不是轰轰烈烈，但也小有成就。"

归根结底，我们所有的期盼就是让我们自己有足够的力量，能够真正拥有一点儿什么，并且好好地守护它。

有因必有果。我们此刻的决定就是我们日后的所得，既已下定决心，那就要毫不犹豫，我们坚信没有过不去的坎儿，只有不愿奋进的心。

未来已经在召唤我们，那我们就跟随内心的渴望，不必再回头，我们只要做事，向前走！

拥有的才是实实在在

在荷兰的阿姆斯特丹，15世纪的教堂遗址上刻着这样一句话："事必如此，别无选择。"人生的旅途中，难免会失去什么，有些或许你并不在意，而有些或许是你一生中最重要的东西。《大话西游》中的一段对白非常经典，那就是，等到失去才追悔莫及。所以，我们应该珍惜眼前的一切，坦然面对失去的东西，努力追寻渴望的东西。

法国人曾经最喜欢的女演员莎拉伯恩·哈特是四大州剧院里独一无二的"皇后"，有"金色声音"和"女神"的美称，但这位万众瞩目的女神的经历并不平坦。

一次，莎拉乘坐横渡大西洋的轮船时，遇到了暴风雨，在甲板上不慎摔倒，右膝盖受了重伤，并且感染了静脉炎、腿痉挛等病症，很长时间也没有治好，并且越来越严重。这时候医生认为她的腿必须锯掉，医生也担心莎拉会接受不了这个噩耗。

但让医生没有想到的是，在医生委婉地告诉她时，莎拉平静地接受了这一现实。她没有哭闹，只是保持沉默了很长一段时间，然后平静地说："如果必须要这样，那就锯掉吧！我必须接受这个事实。"

在莎拉接受手术的时候，她的儿子哭了，而莎拉却安慰自己的儿子："我很快就会回来的。"在被推进手术室的路上，

她一直在背着她曾经演出的一出戏中的台词。有人问她这样做是不是为了让自己减轻痛苦，她笑着说："不是啊！我只是想让医生和护士们高兴一点儿。他们的压力或许比我更大呢！"

莎拉的手术非常顺利，可她也因此失去了一条腿，但她依旧继续着自己的生活，继续着自己喜欢的工作。在第一次世界大战当中，她积极奔赴前线，在帐篷里、粮仓里、战地医院的临时舞台上，慰问士兵，登台表演，甚至还去美国进行了巡回演出。就这样，一条腿的莎拉让观众又为她疯狂了 7 年。

对于一位演员来说，一条腿是多么的重要！而莎拉却选择了坦然接受，她没有消沉在失去一条腿的痛苦当中，而是勇敢地重新站了起来，开始了新的生活，选择了继续在舞台上展现自己的魅力。

但是像莎拉这样的人只是少数。在生活中，不论是残疾人，

还是健全的人，都难免会失去什么，但如果对失去的东西念念不忘，认为那些失去的东西是自己的全部，是自己不能缺少的，那么你的人生就一定会充满着叹息、忧愁和懊恼。其实，不妨多看看自己所拥有的，自己所拥有的东西比自己失去的不知要多多少倍。念旧固然没有错，但这就意味着自己仍旧拥有的理想和抱负也跟着失去了，那我们的人生还有何意义呢？

我们要做命运的主人，我们要主宰自己的人生。属于我们自己的东西也难免会失去，失去的东西有的可以弥补，拥有的东西还需要我们继续珍惜。只要我们把握好现在，只要我们不失去信心，那么我们的明天就会更加美好。

请重新审视自己的理想和抱负，不要总藏在阴影当中，因为外面的阳光是如此的明媚。我们所失去的只是人生的一段插曲，我们的精彩人生不要因为失去任何东西而缺少光彩！

失去的只是过程，而非结果

俗话说得好：“万事有得必有失。”相反，有失也必有得。在生活中，得和失都是相对而言的，努力越多，得到的就越多，当然，失去的也会相应增多，但绝对远远不及你所得到的。其实得失就在人们的一念之间，得到会使我们幸福，失去会让我们痛苦，“得”人们很容易接受，“失”则截然相反。

在一些人的心中，“失”是一件人们不愿接受的事情，这

可能源自他们心中的贪念或留恋。总之，失去的感觉会让他们冲昏头脑，从而失去判断的能力，以致作出不理智的行为。他们不会去想是不是因为自己不够努力而失去了，他们不能接受失败，也不能接受失去。

而成功者最需要的一种品质就是坚持不懈，但需要看清事物的本质。“壮士断腕”需要一种勇气和智慧，但我们也要充分考虑自身的能力，要量力而行。

不知道大家还记不记得巴黎一家现代杂志曾经刊登的一道有趣的测试题，题目简单，却难以回答：如果有一天罗浮宫燃起了大火，而你只有从众多珍藏中抢救出一件艺术品的时间，你会选择哪一件？

答案数以万计，但只有一位年轻的画家获奖了，他的答案就是——选择离门最近的那一件。

这个回答可谓非常睿智理性，大火面前，有什么能比生命更重要呢？当然，欲望是可以有的，因为欲望能够让人产生目标以及为目标而奋斗的动力，但我们也要学会驾驭自己的欲望，懂得适可而止。否则，欲望将成为一匹脱缰的野马，牵引着人走向无底的深渊，让人陷入一种悲苦的状态，完全失去人生的意义。

有的人活得轻松愉快，有的人却活得沉重艰难，这是为什么呢？不是因为世事变了，而是因为人的内心追求变了。一个人拥有的越多，那么无法割舍的东西就越多，那他此生注定要为此而受煎熬。如果我们具有得之坦然、失之淡然的勇气和心智，那么我们就不会遭受煎熬，生活必会平静、洒脱和惬意。

有两个拿着藏宝图到沙漠寻宝的人，水尽粮绝，历尽千辛万苦也没有找到宝藏，望着无垠的沙漠，他们开始后悔自己的贪婪。如果不是因为自己的贪婪，也不会来到这个鬼地方。他们绝望了，饥渴难耐，筋疲力尽。

他们只能在心中默默地祈求上苍。

而出乎意料的是，就在他们濒临死亡的那一刻，一队商旅出现在了眼前。他们喜出望外，只求别人可怜可怜自己，给自己一点儿水和食物就好，只要能够活着，走出这片该死的沙漠。

得到救助以后，其中一位打算回家，可另一位却说，宝藏已经近在咫尺，现在我们已经有了水和食物，我们还怕什么呢？绝不能空手而归。那个人感觉言之有理，于是两个人便继续寻宝。

几天之后，他们终于找到了宝藏。他们非常兴奋，把随身携带的所有口袋都填满了宝藏，可是宝藏太重了。没过多久，两个人便感到饥渴难耐，但他们又舍不得扔下宝藏，于是只能继续往前走。只感觉路越走越长，沙漠越来越大。之前想要回家的那个人扔下了一些宝物，好让自己轻松一些，但另一个人却不肯把任何一件宝物扔下。

时间不长，两个人的腿都像灌了铅似的，一步也迈不动了。为了能走出沙漠，之前的那个人又扔了一些宝物，而那个贪婪的人仍然没有放弃任何一件宝物，不仅如此，他还嘲笑另一个人马上就要扔光所有的宝贝了，即使走出沙漠，又有什么

意义呢？

此时，想回家的寻宝者把身上所有的宝贝都扔了，对另一个人说："我的确什么也没有得到，但是我能分得清得失，如果我坚持拿着这些宝物，我很可能走不出这片沙漠。虽然我失去了宝物，但只要我活着，我就有机会去寻找更多的宝物。"

说完他轻装出发，很快就走出了沙漠。

而贪婪的寻宝者却没有走出去，他筋疲力尽，躺在了沙土上，等待着死神的到来。他开始后悔，不就是一些财宝吗？为什么总是放不下呢？如果我能看得清得失，就不会丢掉性命了。

人们常说，舍得舍得，有舍才会有得。贪婪的寻宝者被金钱冲昏了头脑，不忍心扔掉到手的宝贝，最终却付出了生命的代价。

得与失孰重孰轻？患得患失的人总是将个人的得失看得很重，贪婪的人会因为懂得而欣喜若狂，也会因为失败而痛哭流涕；而淡泊的人只会对偶然地得到微微一笑，对于无奈地失去却心静如水。

人生短短几十，即使拥有再多，也照样是生不带来，死不带去。如果过于看重得失，心胸就会变得狭窄，目光变得短浅，最终将会一事无成。

有失才有得，过分追求某些东西，就会耗掉你的巨大精力。而一旦失去，你的损失也就更大。不该得到的，即使得到了，也会失去，应该失去的，也不要挣扎着去勉强挽留。太注重得失，就会让我们陷入烦恼之中，而得不到平静。

请把握好自己的人生，学会看淡一切。用一颗平常心去生活，不论得失，做到心境平和，努力得到自己渴望的，坦然面对自己失去的，不要怨天尤人，不要悲观失望，不要自暴自弃，保持一颗端正的心，这才是生活给予我们最重要的东西。

不完美是这个世界的本质

我们每个人都希望自己得到公平的待遇。但在这个世界上，绝对的公平根本就不存在。社会的不公，职场的不公，命运的不公，充斥着整个世界。既然如此，我们为何还要抱怨这个世界的不完美呢？就让我们坦然面对，面对这个无法改变的世界，尽力去改变我们对这个世界的态度。

高尔夫球运动是有钱人的一项高雅运动，现在的职业高尔夫球巡回赛越来越多，例如，美国、欧洲、日本、南非、澳大利亚和亚洲巡回赛等。但我们可能还不知道，高尔夫是一项实现种族融合的运动，高尔夫曾经只是白种人后花园里的游戏。幸运的是，曾经高不可攀的高尔夫，今天已然成为世界普及的国际体育运动。

有一个黑人，他很喜欢这项运动。可是20世纪30年代初期，当他在美国南方当球童的时候，却不得不与种族主义做斗争。

他就是大名鼎鼎的查尔斯·斯福德。

时间过去了半个世纪。

查尔斯·斯福德从来没有想过自己会是这项运动的大使，他也从来没把种族歧视和偏执己见视为问题，他只是喜欢打他喜欢的运动而已。

查尔斯·斯福德喜欢在打高尔夫球的时候嘴里叼着雪茄，并因此一举成名。他为人谦逊，性格坚毅，对种族歧视逐渐变得愤慨。1960 年，他起诉美国巡赛成功，美巡赛只好修改条款允许黑种人参赛。查尔斯·斯福德成为第一位在美巡赛上夺冠的黑人，并在 1967 年获得大哈特福德公开赛的冠军，1969 年洛杉矶公开赛冠军和 1975 年美国常青 PGA 锦标赛冠军。2004 年，查尔斯·斯福德进入了世界高尔夫名人堂，2008 年，查尔斯·斯福德获得了高尔夫大使奖，达到了他本人高尔夫职业生涯的巅峰。

这使得美国各方白人强烈不满。白人污蔑查尔斯·斯福德偷走了他们的高尔夫比赛的冠军，并把粪便放进了他在凤凰公开赛的奖杯里。

在各种诬陷、排斥、打击、诽谤面前，查尔斯·斯福德没有屈服，而是依旧高高昂起他高贵的头颅，用自己奋发向上的积极态度来回应那些对他的侮辱。他说："如果有什么人没有机会打球，那才是丢脸的事情。无论你的皮肤是黑色的，白色的，蓝色的，又或者是绿色的，如果你考取了资格，你就应该有机会打球。""我只是希望做到普通黑人不能做到的事情。我希望打高尔夫，因为那是我唯一了解的一样东西。"

查尔斯·斯福德是一个黑人，喜欢高尔夫这项运动，是第一个进入美巡赛的非洲黑人，也是第一个在美巡赛上夺冠的黑人。他为此饱受来自美国白色人种各个阶层的谩骂，甚至是白人要揍他的武力威胁以及死亡威胁。可是查尔斯·斯福德没有害怕，更没有销声匿迹，而是继续高傲地昂起头颅，蔑视所有挑衅，最终为非洲黑人同胞能顺利参加高尔夫比赛铺平了道路，成为世界高尔夫运动的先驱之一。

查尔斯·斯福德之所以能进入世界高尔夫名人堂，不是凭借所谓的运气，而是他的信仰、勇敢、顽强、耐心和人性高贵尊严。他之所以获得如此巨大的成就，是因为他懂得实现人生的价值，让自己的一生过得有意义。

查尔斯·斯福德的粉丝艾德瑞克·泰格·伍兹说："他在成为 PGA 巡回赛黑人先锋的成功道路上顽强拼搏，经历了难

以想象的磨难和痛苦。”

是的，没有谁生来就是一帆风顺的，在成长的过程总会遇见磕磕碰碰。一路走过，我们可以痛，可以悲伤，可以大哭，但别沉溺悲伤太久，别纵容眼泪，哭伤了双目。人一定要站起来，更坚强地面对自己的生活。

我们生来就不是为了要去满足某个人的愿望，也不是为了某人的心情而存在。我们来到这个世上，就算最终是碌碌无为的一生，也一定有一个闪光的时刻。看到最美好的今天，阳光这么灿烂，景色如此美好，何必自寻烦恼。用一种平和的态度支撑自己吧！理性前行，使之成为一种毕生习惯，在滚滚红尘中活出自己的态度。

很多时候，再冷、再痛也要扛住，咬着牙忍住不让自己哭，因为那些痛苦的情绪和不愉快的记忆会使人萎靡不振，反倒是突如其来的温暖一下子就能让人感动不已。所以，把一些无谓的痛苦潇洒扔掉，快乐才会有更大的空间。

尊重生命，活出自己人生的价值和精彩

“宝剑锋从磨砺出，梅花香自苦寒来”。在这个到处充满竞争的社会里，若想实现自己的梦想及常人所不及，那就必须不断地拼搏。因为只有拼搏，才能提高自己的技能；只有拼搏，才能赢得他人的认可；只有拼搏，才有可能成为笑到最后的那个人。所以我们不要因为看到的现实而唏嘘不已或感慨良多，而要立刻行动起来，积极应对人生的一切险阻，开启一段精彩美满的人生旅程！

盲人阿炳的故事：

二胡曲《二泉映月》是中国十大名曲之一，其由残缺创造出来的震撼之美，是在残缺的环境中走出的辉煌。有人说前者是二胡曲残缺的形象美，而《二泉映月》则是残缺的内在美。

贺绿汀曾经说过：“‘二泉映月’是个风雅的名字，但是其内容却抒发了阿炳身世的悲惨和痛苦。”

阿炳实名叫华彦钧，自幼在江苏无锡雷尊殿长大。4岁时母亲去世，由同族婶母辛苦将其抚养长大。八岁随父亲在雷尊殿当小道士，跟着父亲学习音乐，竹笛、二胡、三弦、琵琶、打击乐器无所不精，技艺在青年时代就已成熟，尤其琵琶弹得最精，几乎无人能及。他继为雷尊殿的当家大道士。25岁时他的父亲去世。他因患眼疾无钱医治而导致双目失明，加之身

体多病，无力参加法事活动，被赶出道观，只好在无锡街头以卖艺为生。

这时候，无锡城里的人都以为这个年轻盲人道士的生命已经走到了尽头，是的，他不会再有所作为了，除了沿街乞讨卖艺，就只好坐在家里等死了。甚至有的人偶尔大街小巷碰到阿炳，竟会瞪起很吃惊的眼睛古怪地看着他，很夸张地说：“嗯，这个人还活着？”仿佛迎面撞见的阿炳是从几个世纪前穿越回来的。

阿炳双目失明，永远待在这黑暗的世界里，清瘦病态的脸庞上永远挂着一副墨镜，穿一身破旧的长衫。他是残缺者，彻底混迹于穷人、平民百姓、街头乞丐的行列之中。阿炳抱着心爱的二胡、琵琶，无论是冰雪消融的春天，还是赤日炎炎的夏季，无论是秋高气爽的秋月，还是北风呼呼的冬日，每天晚上手操二胡，走街串巷，边走边拉，声调感人，永远用一根竹竿“笃笃笃”敲打着无锡街巷的石板路，成为无锡城一个特定的文化符号。

1927 年，无锡发生“四一四”反革命事件。盲人阿炳当即编唱了《秦起血溅大雄宝殿》，揭露国民党反动派血洗总工会、杀害秦起委员长的残忍行径。上海“一・二八”事变发生后，他又编唱《十九路军在上海英勇抗击敌寇》乐曲，并用二胡演奏《义勇军进行曲》。在抵制日货的运动中，他用富有激情的语言激发人们的爱国热忱。他的许多曲子唱出了群众的心声，深得市民的喜爱。风靡世界的《二泉映月》就是在这一时

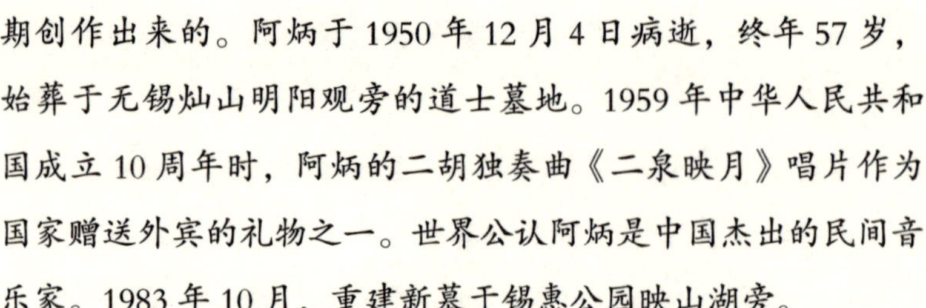
期创作出来的。阿炳于1950年12月4日病逝，终年57岁，始葬于无锡灿山明阳观旁的道士墓地。1959年中华人民共和国成立10周年时，阿炳的二胡独奏曲《二泉映月》唱片作为国家赠送外宾的礼物之一。世界公认阿炳是中国杰出的民间音乐家。1983年10月，重建新墓于锡惠公园映山湖旁。

“人有悲欢离合，月有阴晴圆缺，此事古难全。”世上万物都有圆有缺。尺有所短，寸有所长，一分为二，变幻无穷。阿炳因残缺而弥补，因弥补而得全。在世界名曲《二泉映月》中，阿炳在逆境中创作出天人合一的意境。人们看到的只是飞针走线，却理不出一丝一缕痕迹；人们听到的只是剪走刀飞，却寻不到一边一角的残缺。人世间所有的，只是变化中和谐的旋律，空旷中天籁的声音。

“此曲只应天上有，人间能得几回闻”。《二泉映月》是完美的，它甚至没有给后人留下一丝改动的空间。因为它是由残缺创造出来的美。阿炳用残缺创造了令人赞叹的美，使我们的灵魂得到升华时，丝毫感觉不到《二泉映月》的残缺。天上如此，地上如此，《二泉映月》亦如此。

第五章

一生如此短暂，人不能与草木同朽

人活着有三个阶段：生存、生活、生命。生存状态是为了活着而活，吃饱穿暖，得过且过，这是人活着的最低级阶段；生活状态是为了成长而活，思想意识得到提升，修身养性，助人助己，绝大多数人都处于这个阶段；生命状态是为了分享而活，自己活得好，也想让别人活得好，带领团体，分享智慧，最终实现共同富裕，这是人生的最高境界。

人的一生很短，需要一盏正确的航灯

理想和追求是一辈子努力和发展的方向。

吃饭是为了活着，但活着可不仅仅是为了吃饭。在人的一生中，活着的意义究竟在哪里？人到底是为了什么而活着？我们既然活着，我们就得给自己确立一个鲜明的意义。

生命诚可贵，爱情价更高。有人追求爱情，为爱情百折不回、无怨无悔；钱钱何难得，令我独憔悴。有人追求金钱，为金钱殚精竭虑、夙兴夜寐；劝君更尽一杯酒，西出阳关无故人。有人追求友情，为朋友两肋插刀、赴汤蹈火；三省比来名望重，肯容君去乐樵渔。有人追求名誉，为名誉立身持正、两袖清风……这也只是人生的一部分。

人生在世，应该说人人都有人生方向。否则再美好的人生也会如同嚼蜡，毫无价值。成功有成功的基础，失败有失败的借口。无论哪种理由，其实都是一盏指向人生意义的航灯。

如果一个人从不知道自己的人生方向，从来没有任何理想和追求，只是浑浑噩噩地消磨时光，那么他自然也就无法明白人活着的意义，这真的是非常可悲。

一个没有人生方向的人，整天跟在别人屁股后面转，那将是人生最大的悲哀。

人生要实现自我的价值，就必须定下一个目标。目标无论

大小，都是自己人生的方向。

个人的幸福生活也离不开方向的指引，辉煌的人生取决于人生的方向。

确立方向是人的一生中最值得认真去做的事情。希腊哲学家小塞尼卡说过：如果你不知道方向，那么任何风对你来说都不是顺风。所以我们得放下架子，虚心请教“我是什么样的人”，还要很清楚“我究竟需要什么”。这个问题包括未来的事业、结交的朋友、培养的兴趣爱好、过什么样的生活等。这些问题并不可笑，相反，这是非常现实的生活。它们之间既相对独立，又相互关联，共同构成了人生的方向。

如此一来，方向明确了，人的意义就体现出来了，人生的

旅程中就会减少生命的颓废和空虚，而增多了愉快和喜悦。这个方向就会如同茫茫大海夜幕里璀璨的航灯，指引着我们鼓起勇气，克服困难，向着理想的巅峰顽强地攀登，从而实现自己的人生梦想。

人生的意义与金钱无关。那些醉心于财富积累的人，临死之前他会无比后悔地发现，财富的增长并不能给自己带来真正的快乐。均瑶集团的创始人王均瑶去世前说："此刻，在病魔面前，我频繁地回忆起我自己的一生，发现曾经让我感到无限得意的所有社会名誉和财富，在即将到来的死亡面前，已全部变得暗淡无光，毫无意义了。"

我也在深夜里多次反问自己，如果我生前的一切被死亡重新估价后，已经失去了价值，那么我现在最想要的是什么，即我一生的金钱和名誉都没能给我的是什么？有没有？

现在我明白了，人的一生只要有够用的财富，就该去追求其他与财富无关的，应该是更重要的东西，也许是感情，也许是艺术，也许只是一个儿时的梦想。人生是一段坎坷的旅程，找到了人生方向的人是最快乐的人，他们在每天的生活中都体验和享受着这种快乐。对于人生方向的追求使得他们的生命更加有意义。

理想是我们前行的航向

马丁·路德·金曾经在林肯纪念馆的台阶上发表了著名演讲《我有一个梦想》。他愤怒地说道：“朋友们，今天我对你们说，在此时此刻，我们虽然遭受种种困难和挫折，但我仍然有一个梦想，这个梦想深深扎根于美国的梦想之中。我梦想有一天，这个国家会站立起来，真正实现其信条的真谛：我们认为真理是不言而喻，人人生而平等。”因此，他为了争取黑人的权利而到处奔波。1964 年，他被授予诺贝尔和平奖，登上了《时代》杂志的封面。2011 年，马丁·路德·金的雕像在华盛顿国家广场揭幕，和华盛顿、杰弗逊、林肯、罗斯福等几位美国总统的雕像并列。马丁·路德·金的雕像是第一位非洲裔政治领袖的纪念物，其代表意义不同凡响。马丁·路德·金以和平抗争维护了《独立宣言》和《联邦宪章》的基本价值观，受到美国人民的广泛推崇和爱戴。

周恩来“为中华之崛起而读书”的故事：

周恩来12岁那年，因家里贫困，不得不离开苏北淮阴老家，跟随伯父到东北辽宁沈阳去读书。

伯父带他下火车时，指着一片繁华的市区告诫道：“这里是外国租界地，没事不要到这里来玩耍。一旦惹出麻烦，没地方说理啊！”周恩来抬起头，露出疑惑的神情：“这是为什么？”

伯父深深叹了一口气，沉重地说：“中华不振啊！”

周恩来一直想着伯父的话，为什么在中国这个地方，中国人却不能去？他偏要进去看个究竟、搞个明白。

很快星期天到了。周恩来约了一个好朋友，一起到租界地去。

这里确实与其他地方大相迥异：楼房造型奇特，街上的行人中，很难看到中国人。

忽然，前面传来喧嚷声，好奇心驱使他俩跑过去看个明白。在巡警局门前，一个衣衫褴褛的妇女正在向两个穿黑制服的中国巡警哭诉，旁边还站着两个趾高气扬的洋人。他俩听了一阵就明白了：这位妇女的丈夫被洋人的汽车轧死了，中国巡警不但不扣住洋人，还说中国人妨碍了交通。周围的中国人都愤愤不平，愤怒的呼喊声一浪高过一浪。心怀正义感的周恩来拉着同学上前质问：“你们是中国人，为什么不帮我们中国人？”巡警气势汹汹地说：“你个小孩子懂什么！这是治外法权的规定！”说完走进巡警局，“砰”的一声重重地关上了门。

周恩来心情很沉重地从租界地回来，常常站在窗前向租界地的方向远远地望着，沉思着。

一次，校长来给大家上课，问同学们：“你们为什么读书呀？”有的同学说：“为明礼而读书。”有的同学说：“为做官而读书。”也有同学说：“为父母而读书”“为挣钱而读书”等等。当问到周恩来的时候，他清晰有力地回答：“为中华之崛起而读书！”校长震惊了，他没料到，一个十几岁的孩子，

竟有这样大的志气。课堂上顿时响起了热烈的掌声。

周恩来在沈阳读小学的三年中，学习成绩始终名列前茅。15 岁那年，周恩来以优异的成绩考进天津南开中学。那时，伯父的生活也很困难，生活虽清苦，但周恩来的学习愿望却很强烈。他在课上认真听讲，课外阅读大量书籍，知识积累越来越丰富。他的考试成绩总是全班第一。学校也宣布免去他的学杂费，他成为南开中学唯一的免费生。

“为中华之崛起而读书”，这就是周恩来的人生目标和方向。为此他忘我地工作，无私地奉献了毕生精力，实现了中华民族的独立和发展，受到全世界人民的爱戴。

梦想能助你实现从平庸到卓越的跨越

理想是人生航程的灯塔，是我们人生奋斗的目标，指引着我们人生前进的方向，只要我们始终不移地向着这个方向前进，我相信，我们终将到达成功的彼岸。理想属于我们每一个人。因此，我们应该在青少年时代就树立远大的人生目标和理想，使人生更有意义、更有价值。

魔术师刘谦的励志故事：

7 岁时，他经常对台北百货公司的魔术专柜前表演的奇幻魔术流连忘返。于是他用零花钱买下了人生中第一个魔术道具——“空中来钱”，并在课堂上偷偷练习。

有一次他在课堂上偷偷练习时，一不小心让硬币滚落到了黑板下。老师很生气，没收了他口袋里的全部硬币。男孩羞红着脸："老师，我的理想是当魔术师！"

全班同学哄堂大笑。委屈的男孩回到家，把这事告诉了父亲。没想到父亲气急败坏地跺着脚大喊："你疯啦！"

但他瞒着父母，继续陷入对魔术世界的痴迷中，甚至在各大商店的魔术专柜前悄悄跟着魔术师表演。为此他没少受到父母的责备、同学的嘲笑、邻居的讽刺挖苦。

有一天，内向羞怯的他突然冲到讲台前大声宣布："同学们，我的魔术师梦想就要实现啦！"同学们哄堂大笑。但他没有理会，而是开始表演神奇的货币穿盒术。同学们惊呆了，教室里响起了雷鸣般的掌声，且经久不息。他轰动了全校。

我们都见证过他玩魔术的神奇。台上一分钟，台下十年功。他为了练好一个动作，一个人在家里要不停练习上千遍。为了让自己的一双手在魔术表演中出神入化，他用瓶瓶罐罐在卧室里搞化学实验，甚至酿成了大火。幸亏消防兵来得及时，房子才幸免于难。

他 12 岁那年，去参加台湾地区儿童魔术大赛。在强手如林、紧张激烈的角逐中，他终于打败其他对手，脱颖而出，获得了国际魔术大师大卫·科波菲尔颁发的大奖。他把奖杯高高举起，欣喜之情溢于言表。而他的父母惊讶地张大了嘴："看来我们得尊重这个孩子的梦想，并帮助他去慢慢实现了。"

16 岁的时候，他有机会认识了职业魔术师徐先生。徐先

生谆谆告诫他："魔术不是闭门造车，魔术同这个世界一样，奇妙无比。你得接触自然，学会创新创造。"在徐先生的悉心指导下，他的魔术水平得到了很大的提升。

22 岁那年，他已经是大学三年级的学生了。在父母的陪同下，他人生第一次参加了国际魔术比赛，并获得了第二名。

在台上，他举起奖杯，朝台下的父母深深地鞠了一躬。他对父母说："爸，妈，我离梦想还远，我要夺冠军！"父母的泪水一下子流了出来。后来，他一连 5 次夺得世界冠军。

此后，他屡屡参加国际大赛。在征战世界各地的魔术表演大赛中，他获得了 10 多次国际大奖，成了享誉中外的青年魔术大师。

因为这个原因，有人称这个帅气的魔术师为现实版的哈利·波特。而这个年轻人又在中央电视台的春节联欢晚会上，和主持人董卿表演了令人叹为观止的近景魔术《魔手神采》，并获得了阵阵掌声。

这个帅气、阳光、神奇的、令全国观众最为津津乐道的年轻魔术大师就是大名鼎鼎的刘谦。

刘谦为什么能在事业上获得巨大成功呢？又是什么因素激励着刘谦在实现魔术大师梦的征途上不断前进的呢？用刘谦自己的话来说，就是因为儿时那个被嘲笑的梦想。正是这个梦想督促着他一点一滴地努力进取，并最终获得了"魔术大师"的称号。

人生就是一场旅行。你可以没有车马路费，可以没有锦衣玉食，也可以两手空空，但是，请务必带上你的梦想。因为有了梦想，人在无限的时空隧道里才能实现人生价值。

梦想是人生唯一乐观的支撑，能让我们每天充满激情，活力四射，使我们无比快乐地过好每一天。活力是一个神奇的包裹，带上它，你的心灵可以忍受任何困苦；打开它，你的人生可以创造无限奇迹；看着它，你会发现生命的金贵。

被嘲笑的梦想，只要坚持，就会实现从平庸到卓越的跨越。梦想，一切皆有可能。

有雄心就能成就自己的梦想

梦想是人们对未来事物有根据的、合理的想象或希望。只要我们有雄心壮志，可以持之以恒地奋斗，就有可能实现自己的梦想。

20 世纪 60 年代，一位韩国学生到剑桥大学攻读心理学硕士学位。在喝下午茶的时候，他常到剑桥大学的咖啡厅或茶座儿听成功人士聊天儿。因为有些成功人士会经常光顾这里，并聊着他们感兴趣的话题。这些成功人士包括诺贝尔奖获得者，也包括在某些领域的学术权威和经济巨头。这些人谈吐诙谐，从不抱怨，把自己事业上的成功都看得非常平常。

时间一长，这个韩国学生发现，在国内时他被一些所谓的成功人士欺骗了。那些人心怀鬼胎，为了把正在创业的人逼退，普遍夸大了自己创业的艰辛成分。也就是说，他们在用自己的

成功经历吓唬那些还没有取得成功的人。

思想至此，他觉得自己主修心理学很有必要研究韩国成功人士的心态。经过一年的调查分析，终于在 1970 年，他完成了毕业论文《成功并不像你想象的那么难》，并提交给了自己的导师威尔布·雷登教授。布雷登教授是现代经济心理学的创始人，阅读论文后大为惊喜，他认为这是个创新性的问题，虽然这种现象在世界各地普遍存在，但到目前为止，还没有人大胆地提出来并加以分析研究。威尔布·雷登教授惊喜之余，亲自动笔写信给他的剑桥校友——当时正任韩国总统的朴正熙。他在信中对校友说道："我不敢说这本书会对你会产生多大的帮助，但我敢相信，它比你的任何一条命令都能产生震撼力。"

后来这本书果然伴随着韩国的经济腾飞而畅销全球了。这

本书属于励志性题材，鼓舞了许多人，因为这本书从一个新的角度告诉人们，成功与“劳其筋骨，饿其体肤”“三更灯火五更鸡”“头悬梁，锥刺股”之间真的没有必然的联系。只要你对某个项目感兴趣，持之以恒，就会成功，因为上帝赋予了你足够的时间和智慧来圆满做完一件事情。后来，这位青年成了韩国泛亚汽车公司的董事长。

这个故事告诉我们，人生中的许多事，只要想做，而且你不偷懒，就都能做到。至于人生中的挫折和该克服的困难，基本都能克服。

妈妈很喜欢我，用纸给我做过一条长龙。这条纸做的长龙肚子里的空隙只能装下几只蝗虫。妈妈把几只蝗虫放了进去，果然，没多久，它们都死在里面了！妈妈告诉我：“蝗虫脾气急躁，除了不停挣扎，它们从没开动脑筋去咬破长龙，也不尝试一直向前可以从另一头爬出来。尽管蝗虫拥有铁钳般的嘴壳和锯齿一般的大腿，但不起任何作用。相比之下，青虫就很聪明。”妈妈把几只同样大小的青虫从纸做的龙嘴放进去，然后关上龙头。奇迹出现了：没一会儿，小青虫们就一一地从龙尾爬了出来！

实验告诉我们，其实命运就在我们的思想里。之所以许多人走不出人生的阴影，是因为他们没有将思想阴影的纸龙咬破，也没有耐心仔细地寻找一个方向，而是天真地以为自己不行。这种观念是不对的，也是可悲的。

梦想是要努力实现的

梦想是美好的。我们每个人都会有自己的梦想。但是，梦想不是做梦，更不是白日做梦，胡思乱想。梦想是要努力才能实现的。因此，我们在谈论梦想的时候，一定要问问自己：我是真心要实现梦想，还是自己随便想想？如果是真心要实现的话，那么恭喜你，你已经得到了一个千载难逢的机会，一个改变自己、推动自己实现终身理想的机会。接下来你要做的，便是付诸努力了。

梦想停留在心里，蜷缩在我们的心灵深处，那就是幻想。而幻想，不去付诸努力是永远不可能得到实现的。这些告诉我们：不实现的只能是幻想，实现的才是梦想。

难道不是这个道理吗？只有行动起来，我们才能够建起自己心中的宏图大厦；没有行动，一切都是水中月、镜中花。

小男孩的梦想是当一名作家。他非常喜欢写作，可是语文课成绩却很糟糕，因为他觉得句法既复杂，又枯燥，所以他非常讨厌冗长的作文训练。因此，语文老师并不看好他的想象作文。

尽管他十分不喜欢，但是小男孩从未改变过自己的梦想，他对语文课的态度也没有变，直到他遇到了一位叫弗里格的先生。弗里格先生担任他的语文教师。一天，弗里格先生发给学生们一张家庭作业表，上面列满了很多想象的作文题目，要大家任选一个写一篇作文。

小男孩发现这个老师很有意思，于是他开始选择题目。他看了几行，都觉得了无生趣，一点儿写作的欲望也没有。忽然，他的目光停留在了《吃意大利通心粉的艺术》这个标题上，顿时，深刻的记忆便从他的脑海中倾泻而出：一个非常温馨的夜晚，窗外圆月高挂，皎洁的月光洒满了庭院，全家人围坐在圆圆的餐桌旁，静静地等着姑姑端来意大利通心粉。

虽然这是姑姑第一次做通心粉，而且味道怪怪的，可是全家人吃得津津有味，其乐融融，整个屋子里充满了快乐的笑声。

男孩以他自己喜欢的方式立即把它写了下来，几乎是一气呵成。男孩觉得浑身舒畅，那是从来没有过的神奇感受！他也几乎忘了自己是在完成老师布置的作业。他已经将学校里的那些作文技巧和语法规则统统抛在脑后了。

作文交上去之后，男孩并不期待老师的表扬，因为这种事从来都不会发生在自己身上。可出乎意料的是，他的文章竟被老师当范文在全班同学面前朗读，而且同学们也都在认真地听着，教室里只有老师浑厚的声音在回荡。老师读完后，同学们不约而同地发出了激烈的掌声。

男孩长大了，在一家地方报社当上了记者。后又受聘于《纽约时报》，成为著名专栏作家。

他就是罗素·贝克，两次普利策新闻奖的得主。他的梦想真的实现了。

其实，每个人的心中都有一个美丽的梦想，可是我们总是不好意思说出来。罗素·贝克坚守着自己最初的梦想，并且全心全意地做一件事，最终获得了成功。

既然有梦想，那就努力去实现它

梦想是对未来的一种期望，指在现在想未来的事或是可以达到，但必须努力才可以达到的情况；梦想就是一种让你感到坚持就是幸福的东西，甚至可以视其为一种信仰。

爱因斯坦曾说过：每个人都有一定的理想，这种理想决定着他的努力和判断的方向。在这个意义上，我从来不把安逸和快乐看作生活目的本身——这种伦理基础，我叫它猪栏式的理想。照亮我的道路，并且不断地给我新的勇气去愉快地正视生活的理想，是善、美和真。

有一个小男孩，他出生在一个贫穷的家庭。可他从小就有一个梦想，那就是做一位音乐家。然而，当时音乐是有钱有势高雅家庭的孩子才能有机会学习的才艺。因为学习音乐需要大笔经费，这是他们这种贫困家庭无法承担的。那一架昂贵的钢琴就会让他的梦想就此止步。

男孩并没有放弃，仍然沉迷于音乐。他自己动手，模拟钢琴键盘，用纸板制作了一个黑白钢琴键盘，然后在上面练习贝多芬的《命运交响曲》。虽然听不到钢琴发出的美妙声音，但

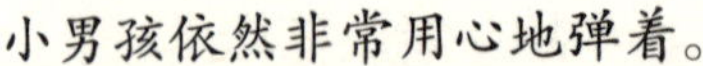

小男孩依然非常用心地弹着。

更让人难以想象的是，男孩的十指都磨破了，而且他开始自己作曲。时间一长，居然有人开始愿意出钱购买了。

终于，男孩用挣来的钱买回了一架二手钢琴。尽管钢琴非常破旧，而且常常跑调儿，但男孩却欣喜若狂。他自己动手修整、调音，沉醉在自己的音乐世界里。父母看着痴迷的孩子，很是不理解。

那一年，他还不到 20 岁，然而他已经开始在德国和世界的乐坛上腾飞了，并在第 67 届奥斯卡颁奖大会上，以动画片《狮子王》主题曲荣获最佳音乐奖。他的名字叫汉斯·齐默尔，一位自学成才的音乐大师。

人的生命是有限的。我们要在有限的生命中有所追求，这样才能体现出人生的价值。我们只要有真正的梦想，即使生活穷困潦倒，也会像齐默尔那样弹响自己的人生乐章。

机械加工行业看重技术和经验。中国航天科工三院 159 厂数控铣工贺潇强是一个从山里娃成为全国数控技能大赛冠军的高手。

贺潇强出生于 1991 年，个子不高，圆圆的脸。“他干五轴才几年啊，竟然得了大奖！”大家有点儿不太相信。确实，刚刚毕业的贺潇强到五轴加工中心工作前压根儿就没摸过五轴设备。没想到靠着不服输的韧劲，他勤学苦练，获得了北京市职业技能大赛数控组第二名。

“他这个人很有主见，有时脾气特别倔。”他的师傅笑容

满面地这样评价他。

比如有一次，在某异形零件的设计上，贺潇强和师傅意见不一致。师傅认为工装不够牢固，加工出来的零件会“兜刀”，将导致零件壁厚不均匀。贺潇强却认为切削余量小，切削力不大。在他的一再坚持下，师傅“妥协”了。实践证明贺潇强的方案是正确的。

这个年轻人在创新思考和认真实践的基础上，坚持自己的观点，使大家心服口服。在全国数控技能大赛复赛失利的情况下，他依旧彻夜不停地练习操作和编程。在大赛再一次进行选拔时，贺潇强跨入了国家比赛的门槛，实现了他的梦想。

不怕困难、勇往直前是他的典型特征。贺潇强身上有一股农村人特有的质朴。有一次，厂里接到紧急订单，已经赶到汽车站的贺潇强马上退掉春运车票匆匆赶回厂里。90后的贺潇

强凭借刻苦勤奋的工作态度赢得了大家的尊重。但贺潇强认为，自己只是怀揣一颗匠心，才实现了自己的梦想。

很多人都有自己的梦想。有些人是语言的巨人，行动的矮子。这些人一天到晚唾沫横飞，口若悬河，只沉浸在空想的世界之中，就是没有付诸实践的行动。我认为，没有行动就是在做白日梦。

临渊羡鱼，不如退而结网

世界上有空想家和实干家两种人。他们都梦想着成功，但是前一种人整天在脑海里胡思乱想，却从不付诸行动；而后一种人则会用行动去实现自己的梦想。世界上的成功没有捷径可走，不经历风雨，怎能见彩虹呢？

也并不是经历了小的风雨就会成功，成功可不是随随便便就能实现的。有些人虽然渴望着成功，但是在行动上拖拖拉拉，或者雷声大雨点小，就是不愿意多付出；而有的人平日里言语不多，却积极地实干，他们用勤劳、奋斗来打破梦想和成功之间的障碍。临渊羡鱼，远不如退而结网。

茅以升是我国建造桥梁的专家。小时候，他家住在古城南京。离他家不远的地方有条河，叫秦淮河，是南京著名的旅游景点。每年端午节的时候，南京当地都要在美丽的秦淮河上举行龙舟比赛。

这一天，秦淮河两岸彩旗招展，人山人海。河面上的龙舟都披红挂绿，船上岸上锣鼓喧天、鞭炮齐鸣，热闹非凡，这实在让人兴奋不已。

茅以升跟所有的小伙伴一样，盼望着每年端午节的龙舟比赛。很不巧的是，这一年茅以升病倒了。茅以升一个人孤零零地躺在床上，只盼望去看龙舟比赛的小伙伴早点儿回来，把最好玩儿的情景说给他听。

茅以升盼啊盼，直到傍晚，好不容易才把小伙伴们盼回来。看到他们，茅以升连忙坐起来，说："快给我讲讲，今天热闹不热闹？"谁知小伙伴们都低着头，老半天才吭了一声："茅以升，秦淮河出大事了！"

"啊？出了什么事？"茅以升大吃一惊，连连问道。

"看热闹的人太多啦，把河上的那座桥压塌了，好多人掉进了河里！"小伙伴们抽泣着说道。

茅以升非常难过，他仿佛看到很多看龙舟比赛的人纷纷落水，男的女的、老的小的，哭声喊声响成一片。

茅以升陷入了沉思。

病好了以后，茅以升独自跑到秦淮河边，静静地坐在冰冷的堤岸石头上，默默地看着断桥发呆。他想：我长大后一定要当桥梁专家，为老百姓造结结实实、永远不会坍塌的大桥！

有了这个梦想以后，茅以升处处留心各式各样的桥，平的、拱的、木板的、石头的、水泥的、竹子的，他都不落下。而且出门的时候，无论遇到哪种类型的桥，他都要上下前后仔细观

察，思考分析，记在脑子里，回到家后就把看到的桥画下来。

除此以外，他在读书看报的时候，遇到有关桥梁的资料，也都细心收集起来，装订成册进行收藏，便于研究。天长日久，他积累了极其丰富的关于桥梁的知识，成为桥梁建设方面的杰出人才。

由于他勤奋学习，刻苦钻研，虚心好学，经过长期不懈地努力，终于实现了自己的梦想，成为国内外建造桥梁的顶尖专家。

幸福是奋斗出来的。习近平总书记这样告诫我们：“撸起袖子干”是实现梦想最正确的态度。没有行动，再伟大的梦想也是永远不能实现的空想。

没有人永远失败，失败是上帝的馈赠，是成功之母

人生没有一帆风顺的，都要经历一些挫折和失败。失败并不可怕，可怕的是在失败之后失去了继续奋斗的信心和意志。有时失败的经历也是一种资本，它可以成为我们走向成功的基石。所以，一个人要想成功，就要有屡败屡战的勇气，要对未来充满必胜的信心。挫折和失败并不可怕，可怕的是因为挫折和失败而放弃了对成功的追求。只有那些把挫折和失败当动因并能从中学到一些东西的人，才会接近成功。

不要担心零起点

最近“拼爹”这个话题相当热门儿，很多人对那种有资本“拼爹”的人是很羡慕的，这从侧面也反映出大家比较担心自己是零起点，害怕跟那些富二代一块儿奋斗。

想从父母那里得到丰富的物质财富，为日后的打拼奠定良好的基础。有这种想法的人是不勇敢的，在内心深处总是依赖父母，不敢单飞，也比较脆弱，因为他们的基础是父母帮着他们奠定好的。从零开始，一点一滴自己慢慢站起来，才能走得更远。

美国“脱口秀女王”奥普拉·温弗瑞是一位很有影响力的成功女性，她就是从零开始的。

跟其他成功人物相比而言，不一样的是，奥普拉出自普通人家，家里并不富裕，父母都是很普通的人，还没有结婚就生下了她。她刚出生就和外祖母生活在一起，外祖母不识字，只能用讲圣经故事的方式教她认字。等到 6 岁的时候，她跟母亲一块儿生活，母亲没有好好地照顾她。这种状况一直持续到她 14 岁。之后她跟父亲一起生活，接受了正式教育，开启了人生新篇章。

奥普拉毕业于田纳西州州立大学，学习的是大众传媒专业，毕业后她成功地进入当地电视台，成了那儿第一个黑人女记者。

十年之后，她开始主持《芝加哥早晨》节目。之前这个节目收视率非常低，她接手以后节目收视率迅速提升。第二年她把节目名称改为《奥普拉·温弗瑞脱口秀》，这就是闻名世界的脱口秀节目，她打造了一个响当当的品牌。现在，《奥普拉·温弗瑞脱口秀》已经不再活跃，但这位创造奇迹的非洲女孩还在不断创造着奇迹。

她从默默无闻、身世凄凉的非洲小女孩，成长为闻名世界的明星，让人不得不为之喝彩。

在中国的传统思想里，觉得“白手起家”是一件很自豪的事情，这个人可以改变自己的家族命运。

中国的传统思想让世人一致认为“白手起家”是最大的骄傲。白手起家的掌门人可以堂堂正正地将自己的发家史流传后世。直到现在，中国人还保持着这种思想。因此，不要担心自己白手起家是一件糟糕的事。

我们都希望事业能够一直顺利地发展下去，但总会遇到点儿挫折，没有人能够保证一帆风顺。假如未来的某一天，你奋斗了很久的事业突然被击垮，你之前所做的努力都付之东流，全部回到了起点，你会怎么做？

李丽之前在一家国企连锁商店当售货员，在这个岗位上工作了 20 年。在她 42 岁的时候遇上经济体制改革，她失业了。年龄大，没什么文化，而且又没有一技之长，但还必须挣钱养家，供孩子读书，她感到很迷茫。

但她没有因此颓废，而是迅速调整了状态，在社区里找了个临时工作，暂且挣钱养家。她还从政府那儿申请了创业基金，开了一家杂货店。她态度热情，讲诚信，不卖劣质商品。因此，每天有很多人到她的店里来买东西，杂货店的经营规模日益扩大，事业发展得很顺利。

就像刘欢的《从头再来》中唱的那样："心若在，梦就在，天地之间还有真爱；看成败，人生豪迈，只不过是从头再来。"的确如此，事业因为一些意外被暂停，那我们就要想办法继续启动。最坏的结果也不过是从头再来。因此，不要担心自己没有基础，我们有很多次重新开始的机会。说到这一点，我们需要了解一种"空杯心态"，这个跟我们上面说到的从头开始不同。这个指的不是客观条件，指的是人的心灵，从自我意识里归零。这是一种自我反省的习惯，隔一段时间，把之前的认知进行一次"归零"，从零开始。形成习惯以后，你的进步会是持续性的，是正向的。

不管怎么说，对待事业，你是新手也好，是老手也罢，不要害怕，振作起来，想要让自己更强大，就一定要保持努力、前进的姿态。

从小处做起

每到毕业季，都是大学生们寻找工作岗位走向社会的时候。如果家里有关系，工作的事就板上钉钉了。而家里没有后台的，就只能靠自己打拼了。谁让你没有像伊万卡那样有个当总统的富翁特朗普当爹呢！

人生是一场长途旅行。国内外无数的事实证明，也许我们会因为特殊原因输在起跑线上。但只要我们不放弃，不灰心，坦然接受现实，制定目标，砥砺前行，一步一个脚印，就能实现自己的小目标。“不积跬步，无以至千里；不积小流，无以成江海。”凡立功名于世者，无不是从小事做起，注意点点滴滴的积累，有意识培养自己的品德才能，不断自我完善，最终同样会成就自己精彩的人生。

中国古代有这样一个故事：

黄河是世界著名的“地上河”，由于黄河流经黄土高原，冲刷下来的泥沙不断堆积，使得两岸的堤坝越来越高。在黄河岸边有一个村庄，农民们筑起了巍峨的长堤来防止水患。

一天，有个老农突然发现黄河大堤上的蚂蚁窝猛增了许多，而且蚂蚁爬得到处都是。老农心想：这里蚂蚁窝这么多，会不会影响黄河大堤的安全呢？一旦发生决堤，那就是危害千万人的大罪过啊！我得赶快回村去向领导报告！

老农火急火燎地往回赶，在路上遇见了他的儿子。老农的儿子听了后，不以为然地说："爸爸，黄河大堤那么结实，那么坚固，还害怕几只小小的蚂蚁吗？你想得太多了！肯定没事的。"听读过书的儿子这么一说，老农心里就踏实了，于是和儿子一起下田耕作了。

人有旦夕祸福，天有不测风云。谁知道，当天晚上突然电闪雷鸣，风雨交加，大雨像瓢泼似的倾泻而下，黄河水位不断暴涨。咆哮的黄河水就从蚂蚁窝开始慢慢渗透，继而喷射，终于冲决了黄河大堤，淹没了沿岸的大片村庄和农田，造成了惨绝人寰的悲剧。

这就是成语"千里之堤，溃于蚁穴"的典故。你看，这么一个小小的蚂蚁窝就能够使千里黄河大堤瞬间溃决，数千万人受灾，数十万人淹死，数千亿财富被冲走，人民群众遭受了巨大的损失，后果极其严重。

这个成语生动地告诉我们小事的极端重要性，而且比喻小事情不重视，处理不当，将酿成无比严重的甚至不可逆的大祸。

"小"能毁了"大"，墙体崩坏都是从缝隙开始。人类的历史悲剧都是那些工作不可靠、不认真的人的苟且作风所造成的。无知和轻率所造成的祸害比比皆是，一个细节不注意，往往会把我们引向一场大的不必要的灾难。

“小”能成就“大”，平凡能成就伟大。很多年轻人都曾梦想做一番大事业，其实天下并没有多少大事可做，有的只是小事。一件一件小事积少成多，就变成了大事。任何大成就或者大灾难都是不断累积的结果。曾国藩说：“成大事者，目光远大与考虑细密二者缺一不可。”没有远大的人生目标，人就会迷失前进的方向。有了目标，还必须按目标一步一步走下去，方有成功的可能。人生价值的真正伟大之处在于平凡，只有从最平凡、最普通的事物之中显示出的伟大，才是最伟大的处世之道。

大事留给上帝去做吧！我们只做细节。从细节做起是成大事者最常用的手段。列宁说：“人要成就一件大事，就得从小事做起。”世界上许多富翁都是从“小商小贩”开始做的。只有扎扎实实地从小事情做起，这样从事的事业才有坚实的基础。比尔·盖茨说：“你不要认为为了一分钱与别人讨价还价是一件丑事，也不要认为小商小贩没什么出息，金钱需要一分一厘积攒，而人生经验也需要一点一滴积累。”确实如此。

先贤说：“合抱之木，生于毫末；九层之台，起于累土；千里之行，始于足下。”合抱的大树，生长于细小的萌芽；九层的高台，筑起于每一堆泥土；千里的远行，从脚下第一步开始。所以我们做事要大处着眼，小处着手，看问题要识整体，做事情要具体。想成就一番事业，必须从小事做起，从细节处下手。

千里之行，始于足下

“一屋不扫，何以扫天下？”

东汉时期，有一个人叫陈蕃，他学识渊博，胸怀大志，少年时代发奋读书，并且以天下为己任。一天，他父亲的一位老朋友薛勤来看他，见他独居的院内杂草丛生、秽物满地，就对他说：“你怎么不打扫一下屋子，以招待宾客呢？”陈蕃回答：“大丈夫处理事情，应当以扫除天下的祸患这件大事为己任，为什么要在意一间房子呢？”

薛勤当即反问道：“一屋不扫，何以扫天下？”陈蕃听了，无言以对，觉得很有道理。从此，他开始注意从身边的小事做起，最终功成名就。

这个典故告诉我们这样一个道理：要成大事都得从小事做起。《弟子规》中说：“房室清，墙壁净，几案洁，笔砚正。”意思是说：书房要清洁，墙壁要干净，书桌上笔墨纸砚等文具要放置整齐，不得凌乱，井井有条，才能静下心来读书。我们也可以联系到自己的生活实际，比如，你在写作业的时候，妈妈突然端来水饺，你的眼睛总会不自觉地瞟向水饺，忍不住想吃吧！这样就分散了你的精力，写作业的速度就会变慢了。所以，我们在做一件事情的时候，要学会清除外在的干扰和影响，认认真真地做，不要受别的事物的诱惑。还有，当我们用完一

样东西时，就要放回原来的位置，这样看上去让人感觉很舒心，学习效率也会提高不少，对吗？

小事很重要。如果有一条缝没有处理好，古埃及人智慧的结晶——金字塔就可能消失；如果有一块砖没有砌好，世界奇迹万里长城就可能成为遗憾。因此，对小事情的忽略就是对大成功的毁灭。

但是我们要从小事情做起，并不是说我们对任何小事情都要过分思考，花费太多的时间，甚至因为一些不必要的细节而影响了真正的大事进程。这时我们要有全局眼光，大局意识，要懂得取舍，以大局为重。试想韩信如果拘泥小节，不受胯下之辱，哪有之后的“韩信点兵，多多益善”？勾践如果拘泥小节，不卧薪尝胆，哪有之后的灭吴反胜功垂千秋？

有一个小男孩，他的父亲是位马术师，他从小就跟着父亲东奔西跑，一个马厩又一个马厩，一个农场又一个农场地去训

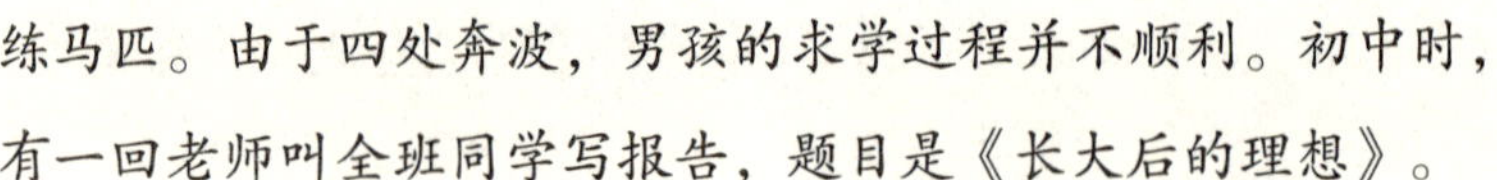

练马匹。由于四处奔波，男孩的求学过程并不顺利。初中时，有一回老师叫全班同学写报告，题目是《长大后的理想》。

小男孩想拥有一座属于自己的牧马农场，他仔细画了一张200亩农场的设计图，标有马厩、跑道等的位置和一栋4 000平方米的巨宅。他整整写满6张纸。

但是，老师给他打了个“X”。

男孩不解，下课后去找老师：“为什么给我不及格？”

老师回答道：“你没钱，没家庭背景，买地要花钱，买纯种马匹也要花钱，你的理想太离谱儿了。”

男孩回家后反复思量了好久，他决定原稿交回，一个字都不改。他告诉老师：“我从小事做起，一定会实现理想！”有意思的是，两年后的夏天，那位老师带了30个学生来男孩的农场露营了一个星期。

事实证明，不重视对细节、小事的思考，你永远不会得到更大的进步。细节决定成败，失败总是在于细节。

人不能浮躁，要一步一个脚印前行

客观事物的发展自有它的规律，纯靠良好的愿望和热情是不够的，如果一意孤行，很可能效果还会与主观愿望背道而驰。

有个宋国人担忧自己的禾苗长不高，就把禾苗往上拔，拔完之后，十分疲惫地回到家，对他的妻子说：“今天我累坏了！

我把禾苗往上拔，那么多禾苗，我一棵一棵地拔，累死了！但禾苗总算长高了！”

他儿子一听，连忙三步并作两步奔去看那些禾苗的生长情况。到了田头，他傻眼了：禾苗基本上都枯萎了。

世界上懒汉很多，总是妄想天上掉馅儿饼、买彩票中大奖，就像那个不给禾苗锄草的懒汉一样。这个懒汉妄图帮助禾苗生长，非但没有成功，反而危害了禾苗，最终害得自己颗粒无收。所以我们不能浮躁，要尊重自然规律，脚踏实地，一步一个脚印前行。

从前有一个小孩儿，他很想知道蛹是如何破茧成蝶的。

有一次，他在草丛中看见一只蛹，就抓回家日日观察。几天以后，蛹出现了一条裂痕，里面的蝴蝶想抓破蛹壳飞出，蝴蝶在蛹里辛苦地挣扎，艰辛的过程达数小时之久。小孩儿有些不忍心，想要帮帮它，便拿起剪刀将蛹剪开，蝴蝶破蛹而出。但他没想到，蝴蝶挣脱蛹以后，因为翅膀不够有力，根本飞不起来，不久就死了。

破茧成蝶的过程原本就非常痛苦，但只有经过这一痛苦的经历，才能换来日后的翩翩起舞。外力的帮助反而让爱变成了害，违背了自然的过程，最终让蝴蝶悲惨地死去。我们很多家长过分溺爱孩子，含在嘴里怕化了，捧在手里怕掉了，最终孩子因经受不住生活风雨的考验，抑郁了，寻短见了，这样的悲剧常常发生。因为这些家长违背了孩子成长的自然规律。

欲速则不达，急于求成会导致最终的失败。历史上很多大家都是在犯过此类错误之后，才懂得成功的真谛。宋朝的大思想家朱熹聪明绝顶，他十五六岁就开始研究禅学，然而到了中年以后，才感悟到禅学的精髓。所以速成不是良方，经过一番苦功方有所成。“不经历风雨，怎能见彩虹”讲的就是这个道理。

我们再看下面这个小故事：

天色渐晚，暮色开始降临。一个卖梨子的小贩想赶在城门关闭之前走到前面的一座城。于是小贩问一位路人，他要什么时候才能抵达城门。路人回答说：“如果你慢慢走，关门之前就能到达。如果你走得很快，就到不了了。”这话说得违背常理啊！莫不是忽悠人的吧？小贩感到很奇怪，没有领会路人的话，就开始快速赶路，因走得太急，一脚踏空摔了一跤，梨子滚得到处都是。小贩不得不停下来，忍痛捡拾满地的梨子，浪费了大量时间，最终没能赶在城门关闭前到达。

这到底是什么原因呢？仔细分析，是因为小贩没有平和的心态，注意力全部集中在赶路与到达上，而忽视了复杂的路况，以至于自乱阵脚，打翻了梨子，浪费了很多时间。

可见，急于求成、心态浮躁都是要不得的。帆都是一针一线细心缝制的，唯有如此，才能迅速而安全地将我们送到成功的彼岸。

用焦急与功利心打造出的船，只能将我们埋葬在失败的大海中。凡事我们都要遵循规律。

机会稍纵即逝，要善于把握

机会是可遇而不可求的，稍纵即逝。善于把握机会的人，总是会取得事业上的成功。不懂得把握机会的人，则在无限的懊恼之中怏怏不乐，这能怪谁呢？

6年前初春的一天，一个上海人到朝鲜旅游，受朋友之托，在朝鲜一家超市买了四大袋30斤左右的泡菜。

在回宾馆的路上，他渐渐感到手中的塑料袋越来越重，勒得手生疼。他看了一下自己的手，颜色都变紫了。

他想把袋子像米袋一样扛在肩上，但又怕弄脏自己新买的休闲装。焦头烂额之际，他忽然看到了大路两边茂盛的绿化树，顿时有了主意。

他把袋子放下，跑到路边的绿化树旁随手折了一根树枝当作提手来拎沉重的泡菜袋子。正当他暗自高兴时，却被不知从何处冒出来的朝鲜警察逮了个正着。无论他如何打招呼、解释，警察还是因他损坏树木、破坏环境而毫不客气地罚了40美元。

40美元，在当时相当于300多元人民币啊！这在国内能买200斤泡菜啊！他心疼得直跺脚。但朝鲜警察根本不听他解释，开出了罚单，责令他迅速缴费。

没办法，他交完罚款，肚子里憋了不少气，除了舍不得那40美元外，更觉得自己的不文明行为被朝鲜警察罚了款而感

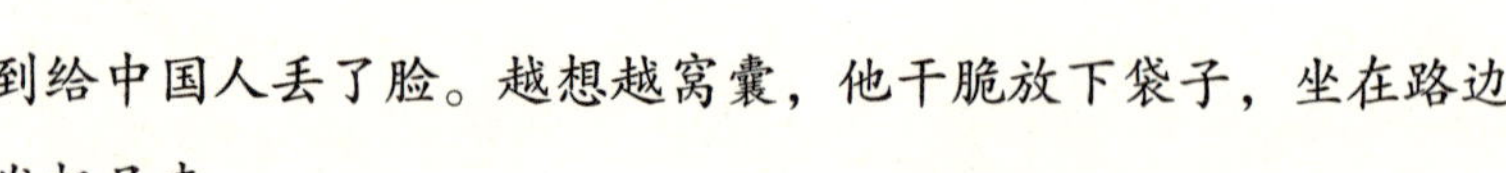

到给中国人丢了脸。越想越窝囊，他干脆放下袋子，坐在路边发起呆来。

大路上人来人往，川流不息。他看着来来往往的人流，竟然发现有不少人和他一样拎着大大小小的袋子，汗流浃背地走着。这些人的手掌被勒得发紫，有的人干脆停下来揉着疼痛的手。他们吃力的样子竟让他觉得有点好玩儿，但很快他就陷入了沉思。

为什么不设计个既方便又不勒手的提手来拎东西呢？对啊，问题就是商机！发明个方便提手，一定有销路！想到这里，他的精神为之一振，马上起身，潇洒地回到宾馆办理回国的手续。

回国之后，他不断想起在朝鲜被罚40美元的事情和那些提着沉重袋子的路人，发明一种方便提手的念头越来越强烈。于是，他干脆利用下班的时间一头扎进了方便提手的研制中。他根据人的手形反复设计了好几款提手。为了测试提手的抗拉力，又分别采用了铁质、木质、塑料等几种材料。然而，效果总是不理想，他几乎崩溃了。但一想到在朝鲜被警察罚掉的40美元，他不服输的劲又上来了。

经过几十次的失败，符合要求的提手终于做出来了。他拿着自己设计的提手请邻居们免费试用，结果这不起眼儿的小东西竟一下子得到邻居们的好评。邻居们用它买米买菜多提几个袋子也不觉得勒手了。

后来，他又把提手拿到当地的集市上推销，奇怪的是，看

的人多，买的人少。

这到底是怎么回事呢？他急得抓耳挠腮。

他的夫人提醒他，免费赠送提手给那些拎着重物的人使用。这招儿还真奏效，小提手的优点一下子就体现出来了。一时间，大街小巷到处有人打听提手的生产厂家。

提手声名大噪了，这增强了他将提手推向市场的信心。为防止假冒伪劣产品毁掉自己的心血，他很快向国家专利局申请了发明专利。接着，他就着手准备打进朝鲜市场，他决定先了解朝鲜消费者对日常用品的消费心理。

经过反复的实地调查，他发现朝鲜人对色彩及款式非常讲究。只要包装精美，做工精良，价格都不成问题。于是他根据朝鲜人的消费心理对提手的颜色进行亮化改造，增强视觉冲击力。至于款式，他又不惜重金聘请了专业包装设计师，对提手

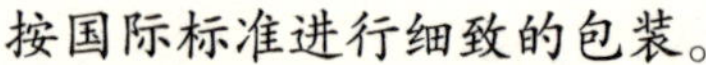

按国际标准进行细致的包装。

功夫不负有心人。经过前期大量的市场调研和商业运作，一个月后，他接到了朝鲜一家大型超市200万只方便提手的订单，每只提手0.2美元。他欣喜若狂。

这个靠简单的方便提手吸引朝鲜消费者的发明人叫韩振远。他从生活中一个不起眼儿的烦恼，发现了巨大的商机，一下子从一个普通人变成了百万富翁。而这个变化，他只用了不到一年的时间，而他的事业才刚刚起步。

有人问他是如何成功的，他嘿嘿一笑，说是用40美元买一根树枝换来的。

一根树枝不仅给他带来了财富，而且改变了他的人生。机会就像这一根树枝，你在它身上开动脑筋，它就帮你改变人生。人人都有机会，就看你能不能把握住它。

下面是一个真实的故事：

一天，大发明家爱迪生的办公室来了一个人。此人不修边幅，显得比较邋遢。大家都觉得他很好玩儿。当他表明自己此次前来是想成为爱迪生的合伙人时，所有人都哄堂大笑：爱迪生需要合伙人吗?

这个不修边幅的人叫巴纳斯。由于他的坚持，他最终赢得了在爱迪生办公室打杂儿的活儿。

爱迪生对他的执着有着深刻的好印象，但这距离成为合伙人还有很长的路要走。但巴纳斯对此毫不在乎，并且在爱迪生办公室做设备清洁和维修工作，总是任劳任怨，一干就是好

几年。

机会终于来了。有一天，他听销售人员在吹嘘爱迪生的一件最新发明——口授留声机，立即感觉到这里面的巨大商机，就自告奋勇去销售这件东西。从此，他从打杂工变成了销售人员。巴纳斯用他打工挣的钱跑遍了全国，一个月后，他卖了7台口授留声机。当他装着满肚子的销售计划回到爱迪生的办公室时，爱迪生真的接受他为口授留声机的合伙人，并签署了合伙合同。

由这段故事来看，一个人能否成功，固然要靠天分，要靠努力，但及时把握时机，不因循、不观望、不退缩、不犹豫，想到就做，有尝试的勇气，有实践的决心，多种因素加起来才可以造就一个人。

但认真想来，这偶然机会能被发现、被抓住，而且被充分利用，我认为这绝不是偶然的。

机会是在纷纭世事之中的许多复杂因子，在运行之间偶然凑成的一个有利于你的空隙。这个空隙稍纵即逝，所以要把握时机确实需要眼明手快地去“捕捉”，而不能坐在那里等待。

等待是人们失败的最大原因。弱者等待时机，强者创造时机。创造机会不过是在万千因子运行之间，努力加上自己万千分之一的力量，希望把“机会”的运行促成有利于自己的一刹那而已。

徘徊观望是成功的天敌。许多人都因为对已经来到眼前的机会没有信心，就在犹豫徘徊，最后机会就悄悄溜走了，再也

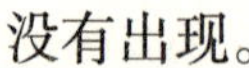

没有出现。

一个人能否取得学习、事业、爱情上的成功，固然要靠机会，但在更大程度上，却在于个人是否经过了不懈的努力，能否自己创造机会、把握机会。另外，这个人还必须不消极、不徘徊，有尝试的勇气，有实践的决心，想干就干，这些因素加起来，就能造就一个人的成功。

因此，尽管有人说成功是偶然的，是运气好，但我们得好好想一想，为什么就是他抓住了机会并取得了成功，而我们为什么一次又一次地失去了机会呢？这个问题值得深思。

主动出击，机会就在眼前

“明日复明日，明日何其多，我生待明日，万事成蹉跎。世人若被明日累，春去秋来老将至。朝看水东流，暮看日西坠。百年明日能几何，请君听我明日歌。”

这首《明日歌》大家都很熟悉，它告诉我们，时不我待，只有主动出击，才有可能成功，消极等待，将一事无成。

有一次我去北京参加某项活动。我是个守时的人，从不迟到，因为没去过北京，不认路，我就选择了坐出租车。

当我拉开出租车车门时，眼前一亮：那出租车内一尘不染，干净整洁，不亚于总统座车。我迟疑了一下，才小心翼翼地上车。

车子开起来之后，我和师傅聊起了家常。我问司机：“这

是才买的新车？”司机笑了一下，露出整齐的牙齿说道：“不是新车，这车年代不长，但已经跑了23万公里。”

我大吃一惊，脱口而出：“怎么可能？我是女人，我自己的私家车想保持这么干净也不容易，更何况多脏的乘客你都得让他上车。保持这么干净，不容易啊！师傅，你真不简单！”

司机咧嘴笑了笑，说道：“昨晚有个醉酒的乘客拦我的车，扶着他的朋友拉开车门一看，说人家的车这么干净，咱别把人家的车弄脏了。于是他们就关上我的车门，去打另一辆出租车了；昨天上午，一个妈妈带着一个三岁男孩坐我的车。这个孩子比较顽皮，浑身上下都是灰尘。这位母亲很有素质，拉开车门一看之后，就先掸去孩子身上的灰尘，上车后，她又脱掉了孩子的鞋，并对我连连抱歉。车里干净，别人就会注意保持整洁；你车里脏，别人也就会弄得更脏。记得有个理论叫什么破窗理论，讲的就是这个效应，对吧？”

我点点头，表示同意。

说实话，出租车司机的话让我感到震撼。一个出租车驾驶员每天不停地开车，想必一定非常累。但是他是个有心的人，在跑出租的同时，主动出击，把车收拾得干干净净，给乘客一种美妙的享受，同时得到一种尊严。我想，这是他开出租车成功的重要原因吧！我不由得想起了另外一件事情。

我认识一个搞室内设计的工程师，他有随地吐痰的毛病，这使人很不舒服。但是有一次我发现，他在一栋高档写字楼里咳嗽的时候，居然将痰吐在纸巾里。我冲他挑起了大拇指。他很不好意思："这个写字楼太干净了，太漂亮了。我怎能往地上吐痰呢？"

你看，卫生差的环境，人们就不会去珍惜；如果有关部门或单位主动出击搞好卫生，人们就会非常重视，高看一眼。环境对人的素质的影响还是蛮大的。

现在经济条件好了，街上的饭店是一家接着一家，路边的大排档也是一座接着一座。我和朋友在大排档吃夜宵。朋友一边抽烟，不一会儿一口浓痰就吐在了黑乎乎、油黏的水泥地面上，继续自得其乐地抽着烟，晃着二郎腿。

我们走人生的路，应当主动出击，塑造好自己的形象，培养好自己的品格，做个一诺千金、有诚信的人，那么和你交往的朋友也都是玉树临风的谦谦君子，你会幸福一生。就像不同的乘客乘坐那辆干净的出租车。倘若你是一个出尔反尔、不讲诚信的人，正人君子是看不上你的，只有那些满嘴谎话的人和你交往，甚至趁火打劫，使你不断地向颓废的深渊里滑去。

车胤从小就很懂事，特别喜欢读书。但是他白天要帮家人干活儿，家境清贫，根本没有闲钱买油点灯，晚上想读书都没有条件。那么该怎么办呢？

一开始，他只能在夜间背诵书本内容，这使得他非常苦恼。

夏天的晚上，他看见几只萤火虫在上下飞舞，点点萤光在黑夜中不停闪动。于是他捉来许多萤火虫，把萤火虫放在一个用透明白夏布缝制的小袋子里。萤火虫的光从袋子里透出，比较明亮，可以写字看书了！车胤就把这个布袋子吊在屋梁上成

了一盏“照明灯”。车胤勤奋苦学，终于成为著名的学者。

放眼古今中外，许多成功人士的成功正是因为他们发挥主观能动性，主动出击，善于观察，善于分析比较，把握住了时机。这样的人，想不成功都难。那么问题来了，你会是下一个主动出击把握机会成功的人吗？

将来的你一定会感谢现在拼命的自己

有人曾这样概括“高考”，说它是“数载寒窗求正果，一朝考场换新天”。这样的说法或许有些夸张，但作为一次很重要的考试，它多多少少会对学生的人生有一定的影响。

我们都参加过高考，所以明白了一个道理：天上不会掉馅儿饼，天下也没有免费的午餐，机遇不是等来的，而是要靠自己勤劳的双手去创造，靠自己去努力争取。没有机会，就要创造机会。任何的等待，对我们来说，有可能都是错过，有些东西错过了，就永远不会回来，所以，我们要学会拼命争取。

我在北京参加了一期培训，课间，主办方安排了一个专家作讲座。专家总是不希望冷场，希望有人能配合自己，于是他就面向学员问道：“在座有多少人喜欢经济学？”

可现场没有一个人响应，只是抬起头瞄了一眼专家后，又低头玩弄自己的手机了。但我知道，我们来北京参加培训，包括我自己，都是从事经济工作的，目的就是“充电”。可由于怕被提问，大家都选择了沉默。

专家看了一遍培训现场，只好苦笑了一下说：“我先暂停一下，讲个故事给你们听。”专家咳嗽了一声，“我刚到美国哈佛读书的时候，在大学里经常有人作讲座。这些人的地位都是非常高的，都是华尔街或跨国公司的高级管理人员，他们都是社会上的精英人士。每次讲座开始前，我都会发现一个值得学习的现象，那就是我周围的同学手里都拿着一张A4纸，然后中间对折一下，让它可以像席卡一样立在桌面，然后用颜色很鲜艳的记号笔大大地写上自己的名字，再加粗，这样更醒目。为什么要这么做呢？我不解，便问旁边的同学。同学笑着告诉我，演讲的人都是难得一遇的一流人物，他们就是机会。当你的回答令他们满意或吃惊时，很有可能就预示着他可能会给你提供很多机会，这是一个很简单的道理。而且，我这么做，演讲者就可以直接看名字叫人，我就有机会接触到他们。”

“原来如此！”专家接着说道，“事情的发展也确实是这样，我的确看到我周围的几个同学，因为独到的观点、杰出的口才而最终被聘到跨国公司任职。”

专家讲完故事之后，我看到不少人都举起了自己的手。

这个故事让我突然懂得了“天上不会掉馅儿饼”的深刻含义。

在人才辈出、竞争日趋激烈的今天，机会一般不会自动找到你，等机会是没有出路的。只有敢于“亮剑”表达自己，吸引对方的注意力，让别人认识你，你才可能寻找到机会。我们

绝大多数人都希望实现自己的理想和目标，但人生的第一步就是必须学会醒目地推销自己，为自己创造机会。也就是说，你是主动出击，还是被动选择？因为这决定着你能否成功。

常言道：酒香不怕巷子深。在科技高度发达的今天，人们借助科技可以把酒的香度发挥到极致。所以，“酒香不怕巷子深”在人才辈出的现在已经不管用了。因此，每个人都要学会去推销自己，特别是在人头攒动的求职现场，大家都在同一个起跑线上，善于推销自己的人往往会取得先机，将主动权牢牢控制在自己的手中。

东山再起，失败中逆袭，你就是王者

失败是成功之母。这对抱怨者来说是一句大白话。而对不抱怨的人来说，则是一句真理。失败为我们提供了太多可以借鉴的经验和太多应该反思的教训。人生最大的失败不在于失败的本身，而在于失败之后意志消沉，把失败当成一生的坐标，精神颓废，终其一生，一事无成。

没有人会永远失败，也没有人会永远成功。成功和失败相辅相成，机遇也就在失败和成功之间起承转合。只要你善于总结经验，吸取教训，在失败中奋起，在失败中逆袭，成功就在前方不远处等着你。

有位渔民因为拥有一流的捕鱼技术而被人们尊称为“渔王”。

“渔王”终于老了。他非常苦恼，因为三个儿子的捕鱼技术都很平庸。真是恨铁不成钢啊！

于是，“渔王”经常向人诉说心中的苦恼：“唉！我捕鱼的技术这么好，我的儿子们却不争气！”“渔王”深深地叹了一口气，“从娃娃们记事时起，我就教他们捕鱼技术，如，告诉他们怎样织网鱼逃不掉，怎样划船最不会惊动鱼，怎样下网最容易捕到鱼。他们长大了，我又教他们怎样看大海识潮汐、辨鱼汛。我长年捕鱼辛辛苦苦总结出来的经验，都毫无保留地

传授给了我的儿子们，可他们的捕鱼技术竟然这么差！甚至赶不上普通的渔民！唉！”

一位教育家听了他的诉说后，问道：“你是手把手教他们捕鱼技术的吗？”

“是的，为了让他们掌握一流的捕鱼技术，我教得很仔细、很耐心，毫无保留。”

“你的儿子们一直跟着你吗？”

“嗯！作为父亲，我肯定希望他们少走弯路，我一直让他们跟着我学。”

教育家思索了一下，说道：“渔王，你犯了一个明显的错误：你只教给了他们技术，却没让他们吸取失败的教训。对每个人来说，没有教训与没有经验一样，都不能使人成大器！我这么直接给您点出来，可能会令您不高兴，但事实确实如此。”

这位教育家说对了。只有在失败后学会反思，我们才会吸取教训；只有在失败后奋起，我们才能学到真正的本领。

事实上，每个人都曾经跌倒过，而且每次跌倒后很多人都能爬起来，笑着面对生活。正是因为不断地经受磨难，才能变得更加坚强。

有时候，人们从失败中吸取的教训会成为有益的经验，帮助你将来取得成功。请记住，失败并不意味着永远失败，成功也不意味着永远成功，只要你将勇气、经验和教训累积起来，你就迈过了成功的门槛。

大画家徐悲鸿

徐悲鸿的父亲徐达章是一位民间画师，在镇上以教孩子们画画补贴家用。幼年的徐悲鸿耳濡目染，对书画产生了浓厚的兴趣，9岁时开始跟着父亲学习画画。19世纪末20世纪初，外有西方列强肆意入侵中国，内有封建腐朽统治。1908年，徐悲鸿的家乡连降暴雨，哀鸿遍野。13岁的徐悲鸿跟着父亲背井离乡到临近的县城去鬻字卖画，维持家庭生活。徐达章不幸身染重病。没办法，徐悲鸿只好扶着全身浮肿的父亲回到家乡医治，不久父亲去世，家里却连一文安葬费也没有。徐悲鸿含泪向亲戚告贷安排了丧事。父亲去世后，徐悲鸿成了家里的顶梁柱。19岁的他到上海谋生，天气一天天地冷了起来，他仅有的一点儿盘缠也用光了，最后因身无分文而被旅馆老板赶出大门，在极度失望下他回家了。

在贫穷的农村，靠画画根本不能谋生。于是1915年夏末，他仍去上海寻找出路，苦寻无果，刚燃起的希望之火又被浇灭了。徐悲鸿踉踉跄跄地跑到黄浦江边，真想纵身一跃，从此一了百了，但想到家乡的乡亲和弟妹们殷殷期盼的目光，他流下了酸楚的泪水。就在生死间彷徨之际，被商务印书馆的小职员黄警顽救下，之后回到黄警顽的住处，两人同睡一张床，同盖一床薄棉被，徐悲鸿暂时有了栖身之所。

1949年3月，徐悲鸿参加了新中国代表团，赴巴黎（后改在布拉格）出席保卫世界和平大会。在回国途中，他参加了制定国旗、国徽、国歌的工作。其中国歌的投稿数以千计，但没

有一篇尽如人意。在毛泽东召开的讨论会上，悲鸿提出了以《义勇军进行曲》为代国歌的建议。这个建议得到了周恩来总理的支持，并在第一次中国人民政治协商会议上正式通过。1949年10月1日，悲鸿与党和国家领导人一起站在天安门城楼上，庄严地听着毛泽东主席向全世界宣告："中国人民站起来了！"周恩来总理亲自任命徐悲鸿为中央美术学院院长，后来，徐悲鸿又当选为全国美术家协会主席。

我们都知道徐悲鸿是伟大的画家，尤其是画骏马最为有名。台上一分钟，台下十年功。徐悲鸿经历了父亲的去世、家乡的遭灾、求职的被拒、人心的冷漠等，可谓尝尽了人世间的酸甜苦辣。失败是很痛苦的，但是徐悲鸿并没有在失败中沉沦、自责，而是选择了奋起，最终成为一代美术大师。

追求卓越，成功就会在不经意间追上你

2008年，有部电影叫《走钢丝的人》，其中的电影原型叫菲利普·珀蒂。1974年8月7日，他利用定制的8米长、25公斤重的平衡杆，操纵200公斤的钢缆，在世贸中心的双子塔之间离地400米的高空，完成了一场45分钟的长距离高空行走表演，在全球轰动一时。

按照我们普通人的标准，像在舞台上那样在离地面20米的空中走走就行了，或者走15米也可以，毕竟也是空中走钢

丝嘛。但这也不是普通人能做到的啊！以这个标准来看，菲利普·珀蒂像众多舞台走钢丝演员那样，是成功的。

中国有句古训：欲得其中，必求其上；欲得其上，必求上上。也就是说，你想要成功，就得追求更高层次的卓越才行。

很多人注重成功的结果与形式，而忽略了成功的过程与本质，把千千万万的事物外化为成功的要件，其结果是追求到了小的成功，却忽视了大的成功，获得了成功的形，而失去了成功的神。在所谓追求成功的道路上，恐惧、虚伪相伴而生。一方面，患得患失以及本应促进成功的对于成功本身的渴望却成了成功的绊脚石；另一方面，虚伪地应对成功往往让我们与成功擦肩而过。从这一点来说，虽然电影是以教育为背景，但在有意安排下，对比了充斥恐惧与虚伪的失败与抛弃恐惧与虚伪后的成功，以及伴随成功而来的幸福。

如果不成功，一切都在进行中。只是有时候，我们沾沾自喜，以为自己是成功的，直到有一天，我们发现，原来我们所谓的成功，其实连给人提鞋的资格都不够，那样的精神打击足以击溃过去所有的成功与喜悦。

罗东元，1949年出生于广东省兴宁市。1975年，26岁没有文凭的他成为韶钢运输部的工人，不论做什么事情，他都用心琢磨改进改良。

一个偶然的机会，他毛遂自荐，告诉领导自己通晓无线电和电工维修技术。领导半信半疑，让他在4个月内组装一台100瓦生产用扩音机。结果他仅用了40天就组装成功，罗东

元从普通工直接转为电工，工资也涨了一大截。

1988 年，韶钢举办“钢花杯”电力知识大赛。参赛的有厂里的工程师、技术员，罗东元作为工人也参加了比赛。由于题目难度大，评委认为考到 75 分就可以拿冠军了，罗东元竟考了 94 分，高出第二名 20 多分。评委表示怀疑，让他重考，还是原来的题目，但时间减半。结果罗东元提前交卷，满分！评委们彻底被征服了。

这个没有文凭，也没有正规学过电气理论和维修技术的罗东元，就是靠自己多年坚持自学、不断实践的精神，才取得这么高的成绩。

20 世纪 90 年代初，韶钢投入运行结构复杂、技术难度高、为大铁路运转服务的 6502 电气集中控制系统，但依然不能满足工矿企业铁路运输的要求，领导压力很大。罗东元克服困难，为公司设计了一条新的系统，解决了公司的难题。

由于学习勤奋，刻苦钻研，罗东元不仅系统地掌握了无线电、电工工艺、电器制图、模拟电路、数字电路、铁路信号等十几门专业技术理论，还在实践中磨炼出高超的检修和创新技能。经过近 30 年的磨炼，罗东元带出的徒弟逾 100 人，这是一支在全国工矿企业中最为出色的集设计、施工、检修和日常维护保养为一体的全能团队，为韶钢的持续发展提供了弥足宝贵的人才储备。

罗东元刚进厂的时候没有文凭、学历，但是却成了全国著名的专家，这是什么原因呢？我想，首先要有追求卓越的信仰。

而信仰是信念的最高境界。所以追求成功不容易，但是追求卓越更不容易。其次，我觉得要专注。世界上没有失败的行当，只有失败的人。只要你坚持专注于某件事达到一万小时，你也可以实现从成功到卓越的飞越。

人生从来都不是一帆风顺

你说你的命运很坎坷，我相信。但是，你要知道还有很多人比你的命运更悲惨。

每个人都会经历难过、绝望的人生。你觉得自己很倒霉，但事实上，我能够举出比你更悲惨的很多例子。你还很年轻，还须接受风雨的洗礼，这点儿挫折只是眼前的一丁点儿；因为真正遇到人生岔路口的是那些的确奋斗过的人才会遇到的，目前你遇到的这些，只不过是些小打小闹罢了。回想一下，你之前是不是有很多次以为自己是最倒霉的，但没想到之后还有更倒霉的事情发生；是不是有很多次你都觉得自己是世界上最悲惨的人了，结果还是能发现比自己更悲惨的人。

我们都觉得自己的悲惨命运可以震撼上天，没有人能够达到这种地步，事实上，这只是很普通的事情：每一秒钟，在世界上的某一个地方，某一个人也正在面对着问题，问题可大可小。

然而，问题仅仅是问题。只要我们努力去想办法，就能够

解决它。要我们努力去解决，事情就能够改变。问题不会绝迹，一个问题接着下一个问题，但我们还是有时间有精力去享受生活，我们还能够感受人世间的美好，难道不是吗？

亲爱的，不要再抱怨了，不要哭泣，你不是公主，就不要有公主病。如果把时间花在这些消耗精力的事情上，我们还不如坦然面对：这些都难不倒我！然后把注意力转移到如何解决问题上。毕竟，生活中还是有美好的事情在发生，这只是其中很小的一部分。能够改变这种状况的只有我们自己，我们需要去发现走出困境的路，然后坚定地走出去。从这个层面来说，没有人是最惨的，因为“人外有人”。

假如我们并不想去得到什么，那么就保持“与世无争”的态度。不要受到挫折的打压，不要被风言风语所击垮，不要想那些不开心的事情，不要想世界上悲惨的事情，不要在乎其他

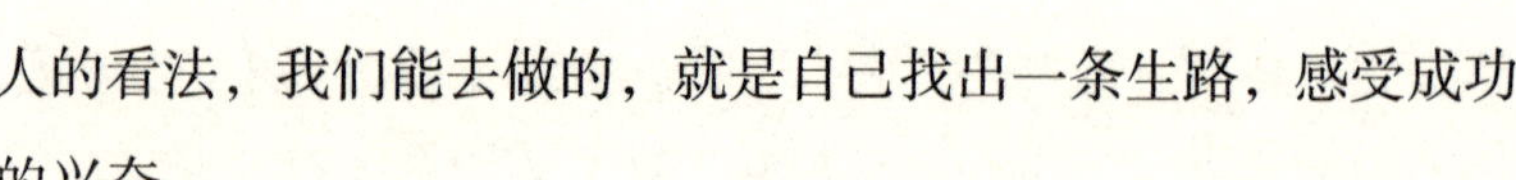

人的看法，我们能去做的，就是自己找出一条生路，感受成功的兴奋。

在我离开校园刚踏入社会的那年，我遇到了各种意外，那个时候我毫无准备。在工作上，我在很长一段时间内没有业绩，微薄的薪资让我的生活变得很拮据，我不敢吃大餐，不去买新衣服，不跟朋友出去旅游，整天待在那个几平方米的小屋子里。更让我难受的是，我很快就会被公司辞退，我感到很郁闷。

在生活上，我最好的朋友都在其他城市，通过通信工具能够进行简单的聊天儿，但这没办法抚慰我心灵上的创伤。家人突然住院，让我倍感压力，我突然醒悟了：父母老了，自己却还没长大。尝尽了家人的生离死别，周围人的冷眼相待，我感觉生活对我是如此的残酷。这还不说自己的各种情绪，仅仅是人际交往压力以及各种意外，都让我感觉措手不及。

然而，这些话我只是藏在自己的心里。跟其他人相处的时候，我还是面带微笑，积极向上；跟父母打电话报平安的时候，我只说开心的，不说那些烦心的；跟朋友通话的时候，对于不如意的事情我轻轻略过，只说自己取得的成就。

主要是我很清楚，这些事情大家都曾经历过，不能太矫情。别人不会心疼你在大半夜难过地抱头痛哭，没有人会心疼你心态即将崩溃，而且还在发着高烧，挂着点滴。这一切的一切，我们都只能自己担着。而且，这些不是最糟糕的。我们还是要把伤口留给自己，不要让别人来同情你，不然总是会带有卖惨或者矫情的嫌疑。不以物喜，不以己悲，为什么要让那些不开

心的事情占满自己的心灵呢？

“压倒骆驼的最后一根稻草”，事情通常是在被拒绝的时候变得更糟糕，这个时候双方处于敌对状态。因此，我们丢掉什么，也不能丢掉态度；失去什么，都不能失去信心。

生活，是一种态度。不论是在逆境还是顺境，我们都要把握好基本的原则：把自己需要去做的事情当作自己想要去做的，把自己想做的事情做到极致。当我们关注当下的时候，我们就有了心理准备，就能够有勇气去面对生活的种种情形。

我不害怕挫折，真的。在我个人能力承受范围之内的，不管需要付出多大努力，我不会担心，更多的是一种兴奋。这种心情不仅可以由开心的事情激发，伤心难过的时候也会激发。原因就是，当一个人事事顺利的时候，他的人生是不完美的，感受的兴奋也是不完整的。有甜也有苦，有泪也有笑，这才是人生的体验。我们应该为自己所遇到的一切而开心，不仅为我们以前那些经历开心，也要热情地拥抱未知的未来。过去的那些伤痛只会让我们沉浸在回忆里，不能给我们指明未来的方向。每个人都有很多次把握命运的机会，有的人会一次次放弃，所以就失去了奋斗的意义，从此颓废。

我们已经成熟了，不应该再天天怀疑自己，想要从他人那里得到安慰。很多你认为了不得的事情，在别人看来或许只是一件小事，不会有太大的感受。把时间花在难过、悲伤、痛苦上面，我们还不如把眼泪擦干，抚平伤口，整理下情绪，想好解决问题的办法，把损失降到最低。

如果有一天，你发现生活总是让你绝望，但你依然还有希望；如果有一天，你发现不管出现多么糟糕的情况，都挡不住你前进的步伐；如果有一天，你发现自己不管受了什么打击，都不能让你停止生活，那么，你就成熟了。

我们应该知道，人生不如意的事情有很多，不要再相信那些一帆风顺的谎话；我们要知道，有时候遇到挫折不一定就是坏事，不要再因此情绪激动。你要开始变得理智，不要再软弱，不再随意发脾气，这个时候的你才能够追求更好的生活。

之前那些你感觉像是地球毁灭的事情，回头想起来，会发现：也没什么大不了。

过去的事情已经过去，美好的未来总有一天会到来。

每天对着镜子说：我今天进步了吗？

美国质量管理大师戴明有一句名言："每天进步一点点。"每天进步一点点看似并不难，而且也符合常规，也能给我们那些远大的理想一个可实现的机会。所以，不管梦想在多么遥远的地方，我们一直在路上，即使只有一点点的改变，我们也会离它越来越近。

确实，每天进步一点点，在 10 年以后，20 年以后，我们会成为什么样的人呢？我们能取得多大的成就呢？让我们一起想象一下：

假如我们每个月读一本书，那么20年以后就是240本书，这个时候我们可以说是“博览群书”；假如我们每天学会10个英文单词，20年之后就是73 000个单词，那个时候我们的英文水平一定很棒；假如我们每一年都能上升一个台阶，那我们20年后，就是20个台阶，那个时候我们一定是行业内的精英；假如我们每年都学会一项技能，那我们20年后就有20项技能，那个时候我们一定多才多艺……

费利斯的父亲巴克尔小时候家里很穷，所以很早就退学了。之后，他把世界当成学校，培养了很多兴趣爱好，他想学习知识，于是疯狂读书，每天都会把自己能够接触到的书籍读一遍。他也很喜欢去倾听街道上人们谈论的新鲜事物，他很想了解外面的世界。

巴克尔的好奇心成就了他，带着对世界的好奇，他漂洋过海来到美国，想把这些传授给他的后代，让子女能够得到更好的教育。

巴克尔认为，最让他生气的事情就是每天晚上睡觉前跟早上起来的时候一样无能。他经常这样跟孩子们说：“刚生下来的时候我们什么都不知道，但没关系，只要你每天进步一点点，将来就会有很大的收获，只有笨蛋才会一成不变。”

为了避免孩子们骄傲，他要求孩子们每天都要学习一样新内容，晚饭时间是他们互相交换心得体会的时间。

当他们获得“新知识”以后，才开始吃饭。

有一天，巴克尔对费利斯说：“孩子，你今天学习到了什么？”

“我今天学会了抓蝴蝶……”

餐桌上安静了下来。费利斯想不明白，为什么每次他跟父亲分享自己学习到的新内容的时候，父亲一直都很认真地听他说。

“抓蝴蝶也很棒。”

然后，巴克尔笑着冲坐在桌子对面的妻子说：“亲爱的，你知道怎么抓蝴蝶吗？”

妻子是个幽默风趣的人，每次都能把气氛搞得很活跃。“抓蝴蝶？我不知道该怎么抓住这些可爱的精灵，连它们藏在哪里我都不知道。”

巴克尔就知道妻子会这样说。

“费利斯，”巴克尔兴奋地说：“我很想学习一下怎么抓蝴蝶，你可以教教我吗？”然后，全家人一起听费利斯讲述自己抓蝴蝶的过程。

那个时候他还很小，没想过这种教育方式背后的意义，他一心想着跑出去跟小伙伴们玩耍。

直到长大了，回忆往事时，他才明白父亲的良苦用心，在一点一滴之中，全家人在欢乐中成长。

上了大学以后，费利斯打算一辈子都钻研生物。

考进大学之后，费利斯便决心以生物学为终身事业。读书的时候，他跟着全国最厉害的生物学家学习。如他所愿，他成为一名优秀的毕业生，掌握了丰富而又扎实的理论知识。有一

点让他感到很意外，大学教授让他每天进步一点点，而这些父亲早就教过他了。

因此，每天进步一点点，这是一个愿望，也是对自身的一个束缚，也是给我们自己设定的一个目标。

或许有人会想，即使做不到每天都进步一点儿也没什么关系。确实，如果做不到，我们也不会对自己怎样，但我们要知道，时代在进步，社会终将抛弃我们。所以，从我们年轻的时候开始再过 20 年，这 20 年的差别真的会很大。

现代社会发展速度非常快，也正是因为这样，我们才不能停滞不前。就像那句话说的那样：“不进则退！”这句话说明了现代社会对人们的要求：不进步，会被社会淘汰。每天准时上下班，每天都是这样的生活，消耗了时间。一定不要觉得这就是正常的状态，实际上，这里有很大的问题。

进步不仅是要求人们自己，对于企业而言也是这样。自己不进步会被单位辞退，企业不进步会在社会竞争中沦为失败者。当年那场经济体制改革让有的人下岗失业，那是改革必然会经历的过程。我们不能让自己积极进取的心态在日复一日的日子中一点点地磨灭，上班时间不好好工作，喝个茶，聊个天儿，最终都会被社会淘汰。

《荀子·劝学》中有云：“不积跬步，无以至千里；不积小流，无以成江海。”高楼大厦也是由一砖一瓦砌起来的，伟大的事业不是一天就能做成的，那是我们脚踏实地，一步一步踩出来的。你的每一次进步都是一次历练，都会将你往梦想的方向推进。

所以，假如你还像当初那样颓废，碌碌无为，快停止吧！你要明白，当你无为的时候，别人正在努力进步，你就会被远远落下。我们应该抓住每一分每一秒，每天睡觉前都问自己："今天进步了吗？"

愿意做别人不做的事，吃亏是福

宇宙中存在着一条很伟大的定律——付出定律。根据这个定律我们知道，有付出就有回报，如果没有回报或者回报太少，那说明你还需要继续努力。如果想得到更多，那就更要努力。这个定律听起来很简单，实际上能够领悟这条定律的人必须要有亲身体会。

小张大学毕业以后到一家广告公司任职。刚进公司的时候，公司忙着筹划活动，大家都很忙，老板还没来得及给小张安排具体任务，然后小张就成了各个部门的救火队员，销售部、市场部、文化部、人力资源部……哪儿需要人，他就去哪儿，但是他没有任何怨言，他把其他同事交给他的工作都顺利完成。

小张不仅认真工作，还热心给同事订饭，帮出差同事订票，帮同事值日……这些琐碎的事情对他的工作是没有什么帮助的，但他觉得，只要是为公司好，他就愿意去做，只要尽力了，他就觉得工作很充实。

小张在公司最繁忙的时间里很专注，很努力，对待所有任务都尽心尽力，每一位领导对他都很满意。小张没有收到什么物质奖励，但他心里很知足，同事对他的赞赏就是对他的奖励。

小张这种工作状态果然得到了丰厚的回报。两年以后，公司要在上海开设分公司，小张顺利当上了副总，很多同事表示不服，因为小张资历较浅。

小张为什么能够在这么多员工中被老板看重呢？老板的话让大家瞬间明白了：“小张两年前来到公司，所有他接手的工作都做得很好，即使是那些很小的事情，他也认真对待，所以我觉得能够如此认真的人一定是做大事的人。他对待工作的态度是很多其他同事远远不能比的。”

小张没有觉得在公司多干活儿就是傻，他知道努力奋斗，

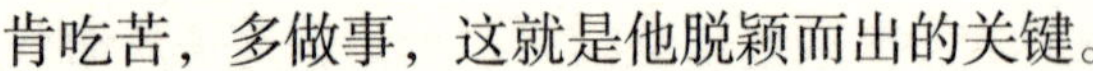

肯吃苦，多做事，这就是他脱颖而出的关键。

在大环境里，人人都差不多，看不出有什么区别，大家抢着去做的事情肯定是有利可图的，这样的话你能够拼出来的概率就小了很多。如果你在自己的空余时间，努力去做更多的事情，那就算你的能力不突出，但你这种积极认真、大公无私的精神也会给你带来很多改变，你能够获得更大的成功。

人最难打败的是自己，不要以为自己很聪明，就沾沾自喜，要知道“吃亏是福”。把姿态放低，多做点儿事，也许将来某一天你会感激现在的自己。

坚持就是胜利

在通往梦想的路上，过程很坎坷，当遇到了困难，我们只能咬牙坚持，这样才能前进。

罗纳德·里根，被称为美国最伟大的总统之一，年轻时候的一段往事让他铭记在心，并从中学会了如何应对挫折。

“总会看到希望。”他每次难过失望的时候，母亲总是跟他说，“再坚持一下，你总会有好运的。而且你也会明白，如果没有失望，就不会有后面的好运。”

他发现母亲是正确的，大学毕业后里根意识到了这点。那个时候他想去电台工作，之后再转行去做体育播音员。因此，他坐车去了芝加哥，挨个儿电台去面试，可是没有收到一个

offer（录取通知）。播音室里面有位温和的女士跟他说，这种大电台不敢轻易聘用一个没有任何相关经验的新人。

“再试试其他的，先去小一点儿的电台，或许还有机会。”那位女士说。里根又坐车回家了。老家没有电台，但父亲告诉他，蒙哥马利·沃德开了一家商店，那儿正在招聘一名运动员负责经营体育专柜。里根在中学的时候学过橄榄球，因此，他申请了该职位，这份工作看起来跟他挺匹配的，但结果还是没有被录用。

里根很难过。“总会有好运的。”母亲在一旁安慰他。父亲帮他找了辆车子，他开着车子到了70英里以外的特莱城，他准备去艾奥瓦州达文波特的WOC电台面试。电台的主持人很热情，他跟里根说他们已经录用了一名播音员。里根失望地离开了电台，他的心情糟糕透了。他大声喊了一声：“如果不能进入电台，那我怎么当好一名体育播音员呢？”那个时候他正在电梯门口，旁边的麦克阿瑟问他：“你刚刚是说体育什么？你了解橄榄球吗？”然后他让里根站在麦克风旁边，让他想象比赛画面。里根的脑海里立刻就闪现出了去年秋天的那场比赛，他们队在最后30秒以一个65米的猛冲战胜了对方。在那场比赛当中，他上场15分钟。他试着讲述那场比赛。讲完以后，麦克阿瑟跟他说，他即将选播周六的一场橄榄球比赛。里根在回家的路上，想起了母亲的话：“再坚持一下，你总会有好运的。而且你也会明白，如果没有失望，就不会有后面的好运。”

在人生奋斗的旅途上，不小心跌倒并不是说以后都会这样，跌倒以后再爬起来就可以了，如果就此失去了勇气，那就真的是永远的失败了。

如果我们放平心态来看待这些，就不会受到太大的创伤。如果你一辈子都没有尝过失败的滋味，那就没办法体会人生的艰辛，没办法认识到生命的真谛，也就没办法真正享受生命。

我们都想要事业高升，但事业要经过风雨的洗礼，之后才能有幡然醒悟的情境，才能干出一番大事业。

没有挫折，就没必要制造挫折；有了挫折，就不要逃避；勇敢地面对挫折，你才能成长，才能成就一番事业。

付诸行动，战胜挫折

理查德·马克菲力小的时候很喜欢运动。从高中到大学，他尝试过不同类型的运动：足球、橄榄球、乒乓球以及其他形式的运动。他之前打算一辈子从事体育研究。但是在小学三年级的时候，他在学院“足球季节”时期得了小儿麻痹症，医生跟他说以后只能依赖拐杖或者其他工具走路，不然就没法动。

他情绪很低落，母亲鼓励他说：“要知道，我们生活的样子，不是由上帝来决定的，是由我们的精神状态决定的，这种状态让人们的生活出现了很大偏差。你看那些伟人们，贝多芬，他最著名的曲子是在耳朵聋了以后才创作出来的。还有

很多名人事例，告诉我们在艰难困境中要勇敢。他们在恶劣的环境中逆势成长，这背后支撑他们的是内心的渴望，是他们的精神境界。”

马克菲力的母亲鼓励了他，给了他第二次生命。他找到了人生的意义：设定的目标应该根据自己的生活态度以及精神素养，而不是那些可望而不可即的外界环境。生离死别，悲欢离合，喜怒哀乐，大家都会有这些感受，只是在每个人身上的体现方式不太一样而已。有的人会选择在挫折面前认输，自甘堕落，最后成为其他人的拖油瓶；但有的人能够抵抗挫折的打击，在风雨中坚强地站起来，重新开始生活。挫折给我们带来的影响会是什么？要看我们自己内心感悟出来了什么。“命运并非总是由一手好牌来决定，往往倒是由善于处理一手坏牌来决定。”

马克菲力成了宾州布克那佐冶亚大学以及费城朋友中心学校的校长，另外，他还是位著名的演说家。

挫折本身给人的伤害并不大，最可怕的是在挫折面前认输。我们要想取得一定的成就，就要笑对人生，随机应变，将挫折转化为自己成功路上的垫脚石，砥砺前行。

坚持不懈，继续努力

有人说，执着跟痴情是创造奇迹的一斧一凿，具备这两种状态，就能够创造任何奇迹。有人说，坚持不懈是成功的必备素质，只要你力量够强，总能把挫折打败。炎炎夏日，雄蝉经常趴在树上，振动鼓膜，同时伴随着响亮的鸣叫声，目的是吸引雌性来跟它交配。它不停地鸣叫着，声音好像是欢快的乐曲。

雌蝉在交配以后爬到桑树或者柳树上，用锋利的爪子锯齿将产卵器扎进稚嫩的树皮内，然后就开始产卵，一边爬，一边扎，直到产卵结束。

这个时候，产完卵的雌蝉非常疲惫，很快就会死亡。卵是靠着太阳的温度进行孵化的，幼虫从卵中出来以后，外表会有一层很薄的细丝，把它悬挂在半空中。

没过多长时间，幼虫会掉在地上，钻进树根旁边的泥土里，进行下一步的成长。大概两三年之后，幼虫经过大概六次蜕皮，然后以“拟蛹”的形式钻出地面，它们钻出来之后就自己爬上树枝，再次蜕皮，这个时候才变为成虫。

之后，卵继续孵化，出来幼虫，落到地上，钻进土里，靠的是树根的养分，开始了漫长的等待，可能是一年，两年，最长的是十七年。它们等了十七年后，在不到一个月的时间里就学会了飞、学会了鸣叫。不要焦躁，不要心急，不要绝望，稳定踏实，迎来胜利的曙光。人们需要有颗坚强的心。

一周的鸣叫，需要等待十七年。生命就像一颗种子，在当下播种，未来才能收获。坚持不懈，继续努力是能够成就一番事业的人都具备的素质。他们总是能够在挫折中继续前行，即使被别人冷落、嘲讽，他们也能够坚持不懈。

再艰难的工作都不会给他们带来困扰，再糟糕的环境也不

能够让他们失去信念，不停地探索也不会让他们感到枯燥，再大的诱惑也不能让他们动摇，再大的打击都没办法让他们停下来。“坚持不懈，继续努力”是他们人生的格言，只要生命还在，他们就会继续努力前进。

坚持，坚持，再坚持

随便说放弃，就没办法看到终点；坚持下去，才能有所收获。在努力向前的旅途中，我们不能去笑话那些一直在路上的人们，因为成功就是要我们在路上。

有个女孩很喜欢足球，父亲把她送进了体育学校，让她学习踢足球。

在这个学校里，她很普通，因为她之前没有经过专业训练，踢球的动作很不规范。她在练习踢球的时候总是会被其他队友嘲笑，说她是“野路子”球员，所以她的心情很糟糕。球员的目标是想进入职业球队打上主力。这段时间，职业队经常会到体校里面挑选储备人才，每次挑选的时候，她都努力踢球，但是每次终场哨声响起的时候，她还是会落选，但她的那些队友已经有很多都进了职业队，那些始终没法进入职业队的人陆续离开了。这个女孩去找了很看好她的一位教练，教练总是跟她说：“主要是名额有限，下一次你就能被选上。”这个单纯的女孩相信了教练的话，她信心大增，继续努力踢球。

过了一年，她还是没有被选上，她真的没办法继续练下去了，她觉得自己来踢球是个错误的选择。她个子不高，原来也没接受过专业训练，还有就是每次选人的时候总是太想被选上而紧张，所以没有发挥出应有的水平。她对自己的足球生涯没有一点儿信心，想离开足球队。有一天，她没有去参加训练，跟教练说："我可能不适合踢足球，我要回到学校，努力学习，将来考大学。"教练看她下定了决心，就没再说什么。但是，第二天，这个女孩收到了职业队的录取通知书，她很开心，马上就去报到了。事实上，她还是很喜欢踢足球的。女孩开心地去找教练，教练听了后跟她一样开心。教练说："孩子，之前我总是跟你说下一次就是你，那句话是为了鼓励你，我不想跟你说你的球技还有待进步，我是想让你继续努力，坚持下去。"女孩一下子明白了教练的良苦用心。

经过职业队的专业训练之后，女孩信心十足，很快就成了一匹黑马。她的名字叫孙雯，是 20 世纪世界最佳女子足球运动员。

"下一次就是你"，这句话给人带来希望，也是在暗示我们要继续努力，继续完善自己。只要我们坚持努力，继续努力，那很有可能下一次就是你。

在人生低谷阶段，觉得自己没有希望，想放弃的时候，要知道或许明天就能看到希望，再坚持一下，努力一下，说不定就能迎来光明。

把握现在，让自己变得更好

过去的就让它过去，重点是把握现在。要尊重你所遇到的每个人，但如果要交朋友是要找人群中的强者，这样才能学习到更多。所有的焦虑都是来自自己的内心，如果能够调整好自己的状态，那我们会永远充满活力。每天都要努力，要有付出才会有收获，尽力了，老天就不会太亏待我们。不要小看闲暇时间，抓住了，会有意想不到的收获。珍惜每一天，这样当意外发生时才不会感到太遗憾。专注于某件事情，你会发现自己更容易成功。失败了，要长记性，看清楚局限性，做选择时要干练果断。

未来是可以期待的，前提是改变现在

假若我们是一只幼虫，那梦想就是破茧成蝶，披着华丽外衣自由飞翔。没有蚕蛹期那段痛苦经历，怎能成为漂亮的蝴蝶？不去改变现状，怎么向往未来？怎么谈理想？

这个过程或许很艰难，但跟之后的华丽转身相比，这些又有什么可怕的呢？假如你现在刚好处于痛苦的状态，不要难过，不要灰心，你应该相信自己，不管在什么时候你都能掌握自己的命运。

有个小女孩，从小就爱学习，成绩很优异，在班级里的名次比较靠前。那时候她的目标是进入市里的名牌大学，因此，她在高中阶段很努力，为的就是在高考的时候能够考出好成绩。

经过不断努力，她考了一个很不错的成绩，分数比市里重本线还高出很多。

马上就能实现目标，进入心仪的大学了，这个女孩很开心。但是，不幸降临了，她居然不小心填错了志愿，报了一所跟她想上的那所大学名字很相近的一所专科学校。

名牌大学跟专科院校的落差太大，女孩非常难过，她每天都在哭，但这已成事实，没办法再改变，虽然她很抵触，但还是去上学了。

她的成绩在那所专科院校很优秀，因此，学校把她当成重

点培养对象。可是她还是很难过，没什么积极性，整天都在哭，一直生活在懊悔之中，这对她的学习没什么帮助。

她的心态也变得十分脆弱，天天都跟周围同学抱怨，说自己有多倒霉。慢慢地，她的成绩严重滑落，被周围同学疏远，还有的人把她称为“怨妇”。

她认为自己的一辈子都毁了，没有什么能够成为她学习的动力，她将一直堕落下去。三年过去了，她的心思都不在学习上，英语四级根本就没考，她从年级第一的优等生，变成了勉强及格的应届毕业生。

即将踏入社会，她的心态又崩溃了。

连基本的英语四级证书都没有，也没什么其他能够证明自己的证书。面试的时候，她很羞愧，头埋得很深，颓废的表现让她成功地被淘汰了。

她从那家公司走出来的时候忍不住哭了，她哭着回了家，开始埋怨，埋怨上天对她太残忍……

从某个层面来说，她确实挺倒霉的，但没有人说专科生就找不到好工作，很多人已经做到了。真正击垮她的不是志愿填错，是她的心态，她把错误归结到志愿上面，然后一副很委屈的样子，根本不觉得问题是出在自己身上，她害怕承担后果，因此，她失去了一个个能够扭转失败的机会。

不称心的事情实在是太多了，一点儿挫折怎么能够搭上自己的一辈子？命运并没有让你自甘堕落，你为什么总是抱怨它？难道你就不能勇敢点儿，从头开始，去扭转局面，成为更好的自己？人生在世，难免会有挫折，不要因为这点儿事情就害怕，就退缩。这些挫折就像是我们身体某一处的伤口，我们需要擦药，在擦药的时候或许会很疼，但要坚持，这样伤口才能恢复，苦难也会远离你。

每天都后悔，还不如把这些精力用在奋斗上，抹掉那些不愉快，停止其他想法，跟过去说再见，勇敢地拥抱明天。

假若我们是一只幼虫，那梦想就是破茧成蝶，披着华丽外衣自由飞翔。没有蚕蛹期那段痛苦经历，怎能成为漂亮的蝴蝶；不去改变现状，怎么向往未来，怎么谈理想？未来是可以期待的，前提是改变现在。

把生活中的每一天都当作生命中的最后一天来看待

人的生命是有限的，把有限的生命用来不断地后悔，这样的人生是没有任何意义的。为了不让自己后悔，我们今天就必须去做那些自己想做的、要做的事情。

谁都不能预知未来，但是却可以掌控今天。为了不让自己的未来有所遗憾，所以我们要抓住今天，想做什么就立刻行动，把生活中的每一天都当作生命中的最后一天来看待。

海伦·凯勒曾说："要把活着的每一天看作生命中的最后一天。"也就是说我们一定要学会珍惜时间，珍惜时间其实就是珍惜生命。

人生是短暂的，而且到处充满挫折。在现实生活中，许多人认为生活压抑，这并不是说他们的人生生来就是悲剧的，而是因为他们认为自己的人生没有达到所期望的境界。

东汉的大政治家、大诗人曹操面对滚滚的江水曾感叹人生短暂——"对酒当歌，人生几何？譬如朝露，去日苦多。"更何况我们这些平凡得不能再平凡的人呢？

每天清晨起床，很少有人会想今天会不会是自己人生中的最后一天。但有很多人却经常去想一些本来不应该想的问题，例如，昨天的工作还没有做完；一直想和父母打电话问候一下，今天应该找个时间给家里打个电话……

这些事情本应该早已完成，但是却一直拖到现在，而今天需要完成的很多事情也会拖到明天。

这样的生活态度是错误的，可是却没有人想过：要是我没有明天会怎么样？

假如今天就是你生命的最后一天，你会在即将结束的时候后悔吗？后悔没有做完昨天的工作，后悔没有经常打电话问候父母，后悔本来应该在今天完成的事情都没有完成？

为了让我们不再为这样的事情而追悔，我们应该把每一天都当作人生的最后一天。

没有人会想过“今天”就是自己人生中的最后一天，就像威利，在2001年9月11日他进入自己办公室的时候，也从来没想过就是这天自己的生命会结束。

威利是他家乡宾夕法尼亚的一位神童，在他21岁那年，他就成了纽约一家大公司的金融分析师。但是就在这一天，威利刚刚上班，他给他的妈妈刚刚发出一条短信：“这个礼拜日我会回家，来兑现独立日那天没有兑现的诺言。”

原来是美国独立日那天，威利本应该和家人团圆，但他却到西部城市出差了。

但是这个承诺威利永远也无法兑现了。就在那天上午，震惊世界的“9·11”事件发生了，威利也失去了自己的生命。相信在这次事件中丧生的人在事件发生前，没有人会认为这会

是他们生命中的最后一天。

他们的生活和平常没什么区别：照样坐着拥挤的地铁，或是在路边买上一杯咖啡，在办公室中重复着每日的工作……他们对生活不会有什么新的看法，也不会认为现在是多么宝贵，他们仍然在为昨天而后悔，把希望寄托在明天。

假如他们知道自己的生命会在这天结束，他们很有可能会好好珍惜自己生命中的最后时光，去完成他们想做却没有完成的事情。

没有人可以预知未来，我们更要把握今天，让每一天过得不留遗憾。只有把生活中的每一天都看作自己生命中的最后一天，我们的生活才会更加有意义。

为了让我们的人生没有遗憾，我们要做到“今日事，今日毕”，把我们今天想做的、要做的、应该做的全部做到最好。这样在我们老去的时候回想起来，才会说：“我的一生很有意义，我很满足。”这样的人生才可以说是完美的。

别害怕时光飞逝，要把自己的青春进行到底

塞缪尔·厄尔曼——一位美国作家，他曾经说过：青春指的并不是生命中的一个特定时期，青春是一种精神状态。

时间会流逝，但是青春不会，因为青春是一种精神状态，是一种不服老的意志。一个人的容颜可以老去，但是只要他的精神不老，他就会永远年轻。因此，年轻人不要害怕时光飞逝、身体衰老，而是要洒脱地把自己的青春进行到底。

有一种人，明明正值青春，却整日斤斤计较地生活，叹息着自己正在不断衰老的身体，实际上，尽管他的身体很年轻，但是他的精神却已经是暮年。还有一种人，尽管身体已经老去，但是他精神健旺，对生活充满热情，活得十分洒脱。

一个一直在医院上班的日本年轻人，并不热爱自己所做的工作，他每天感觉度日如年，没有活力，非常累，甚至认为自己早晚会被这份工作逼死。一次，他偶然听到了摩西奶奶的故事。

摩西奶奶是美国弗吉尼亚州的一个平凡的村妇。她做了一辈子的农活儿，她非常喜欢绘画，但是她却是在 76 岁的时候才开始做这件事情的。

尽管摩西奶奶的年龄已经很大，但她还是全身心地投入到绘画当中。在她 80 岁的时候，她举办的画展轰动了整个纽约，哪怕在她去世的一年前也就是她 101 岁的时候，她还创作了 40 多幅画作。

摩西奶奶的故事让年轻人非常好奇，于是他寄给摩西奶奶一张明信片，尽管摩西奶奶当时已经 100 岁了，但她还是立刻给年轻人回了一封信。

对于老奶奶的回信，年轻人在感动的同时，心中又感慨万千：感动于一个老人对一个素未谋面的普通人是如此尊重，还在信中一直鼓励自己；感慨的是老奶奶这么大岁数了，心态却这样年轻，而自己还没有30岁，却如此消沉。

因此，年轻人立刻辞掉了让他压抑的医院的工作，开始从事自己最喜欢的写作。慢慢地，他发现生活中到处都是激情，他也越来越有活力，最后他成了一位举世闻名的作家——渡边淳一。

虽然摩西奶奶年龄已经很大，但是她充满活力，而渡边淳一在遇到摩西奶奶之前，生活则是备受煎熬，生活中一点儿活力也没有。由此可见，青春和年龄无关，它就是一种精神状态。

同时，我们也能明白，人们之所以会迷茫甚至恐惧，最根本的原因就是没有找到精神的寄托，没有找到一件自己喜欢的事情来作为自己精神的支撑，所以，才会感觉自己是在浪费流

逝的时光，在浪费自己的生命，心中才会感觉害怕。

因此，我们一定要找到一件我们认为非常有意义的事情并为之付出努力，只有这样，我们才能够坦然地面对飞逝的时光，把我们的青春进行到底。

尊重你身边的所有人，但要和强者做朋友

尽管我们周围的人在地位、学识等各方面有所差异，但是我们对待人的态度应该一视同仁，我们要尊重身边的所有人，但也要学会分析他们自身的长处和优点，这样对我们日后整合人脉有很大的帮助。

虽然看人不能分三六九等，但是却可以分类，最起码我们可以按照人能力的不同来分出强弱。这样做的目的并不是说对那些弱者置之不理，而是在尊重每一个人的前提下，能够得到强者最好的帮助。

强者之所以会是强者，是因为他们在某个领域内有着突出的贡献和丰富的经验。和强者做朋友，是为了学习他们身上的一些其他地方学不到的技巧和经验等内容，得到他们的点拨可以少走许多弯路，走最短的路程取得成功。

能够在银行有所发展成为银行家的人一定是资历深厚、经验丰富的人。但有一个年轻人，仅用了十年不到的时间就成了一位有名的银行家。他的成功让许多人好奇。一位作家从他那

里知道了他成功的主要原因。

在年轻的银行家大学四年级的时候，一位退休的老银行家去他们学校作讲座。在走之前他对同学们说：“假如需要我帮什么忙的话，可以随时给我打电话。”在很多人眼里，这不过就是一些客套话而已，而这却引起了年轻银行家的注意。他正面临毕业，要进入社会踏入银行业，非常需要一些前辈给自己一些意见。刚开始他也害怕拒绝，但是他还是拨通了电话。

结果，老银行家对他非常热情，他也从老银行家那里得到了许多有用的建议。之后，他每个星期都会和老银行家电话联系，每个月至少和老银行家一起吃一次午餐。尽管老银行家并没有直接出面帮助他解决任何问题，但他却从老银行家那里学会了应该怎样处理发生的各种难题。

老银行家就是一位拥有着惊人的力量的强者。年轻人和他做朋友，学会了许多东西。

那么，我们应该怎样做才可以让强者认同我们呢？

你的态度一定要真诚。态度分为两方面：一是你对待强者的态度，要尊重强者，不能以貌取人；二是要热爱自己所在的领域，你必须足够努力，这样强者才会愿意教导你。

强者会在不知不觉中影响着你，同时强者给你提供的一些帮助也是具有实际意义的。和强者做朋友，远比和那些整天就知道怨天尤人的人交朋友要好得多，我们应当尊重每一个人，理解他们。但我们要知道，只有向你所在领域的强者学习，你才会进步得更快！

位于意大利的西西里岛，西西里人一生中会有两个父亲：一个是他的生身父亲，负责把他养大成人；另一个是他的教父，负责引导他长大成人。一般人们会选择亲戚或朋友中非常有名望的人来担当自己孩子的教父。

我们想要成功也需要一个这样的精神教父，他会是我们前进的动力和学习的榜样。成功者有着丰富的经验，他们对事物有着独到的见解，他们的思维方式也是与众不同。如果我们能够学会这些，那么我们就会很快成功。

全球公认的“股神”——沃伦·巴菲特，在哥伦比亚读书的时候非常喜欢本杰明·格雷厄姆写的《聪明的投资者》，在巴菲特知道格雷厄姆就在哥伦比亚大学教书时，于是立刻到他的门下去学习。甚至，在他毕业后他还希望到格雷厄姆的公司去上班，但是格雷厄姆并没有同意。最终，经过巴菲特不断地请求，格雷厄姆答应巴菲特可以去他的公司上班，但是却是在三年之后正式聘用他。

之后，巴菲特一直跟随着格雷厄姆，并从他身上学到了许多东西，这些都让他终身受益。后来，巴菲特在他的家乡内布拉斯加州奥马哈市得到了几位投资人的帮助，由此开办了巴菲特投资公司。他只用了五年的时间，便成了当地的一名百万富翁。而现在，他是世界富豪排行榜上的领军人物。

假如我们也想取得巨大的成功，那么我们就要学习巴菲特，找一个自己心中的榜样，然后学习他的做事思维和理念，从他的经验中学习知识，让他成为我们成功路上的精神教父。

小刘一直梦想着自己成为一个优秀的广告策划人。大学毕业后，他和一个同学同时到一家广告公司上班，但是她的同学却因为工作太累、工资太低而辞职了。小刘却不这样想，原来在小刘毕业后，她通过收集和分析广告界的一些资料，认为这家广告公司的广告不仅有创意，而且在这个领域口碑非常好。这是因为这家公司的创意总监是一个非常有能力的人。小刘非常佩服这位创意总监，所以在这家公司工作期间，她总会找各种机会和这位创意总监一起工作，并学习他工作上的技巧。

渐渐地，业内都知道了这个创意总监有一位手下小刘，不仅工作能力强而且非常虚心好学。创意总监也总是会交代一些工作给小刘去处理，时间一长，小刘也成了一位有名的创意策划人员，实现了自己的梦想。

那么，我们要怎样向强者求取经验呢？下面有几个小技巧：

1. 做到虚心求教。我们的态度越谦虚，对方的虚荣心会越满足，这样对方才会把自己知道的全部告诉我们。在求教的过程中，要多问一些问题来解答自己的疑惑，千万不要和对方争辩，这样对方才不会反感我们。另外，毕竟同行是冤家，我们也要掌握“学习”的方法，这样我们才能够从对方那里学到更多的东西，而且还不会引起对方的警觉和提防。

2. 做事要稳重。我们都知道欲速则不达，学精一门技术更是需要较长的时间，需要经过反复的实践和练习才可以彻底理解，真正被自己所掌握。

3. 坚持和努力。只有坚持到底，才能够取得最终的成功，同样，只知道坚持却不懂得努力也是白费力气。所以坚持和努力是最重要的一点，是我们最终能够取得成功不可或缺的一点。

要想在自己所在的领域内取得成绩，需要我们找到一位有成功经验的强者，并虚心地向他求教。我们掌握了他的那些思维和技能后，就会有足够的信心、斗志昂扬地迎接一个又一个挑战，以此来迈向人生的高峰，最终闯出属于自己的一片天地。

全力以赴，其他的就交给老天

不管在工作中还是生活中，我们都应该把每件事都做到最好。但实际上却很少有人能够做到全力以赴，即使是一些微小的细节也可以处理得有条不紊。

或许你会说：“我只要做好了就可以了，一些细节不做也无关紧要。”确实，一些小细节带来的危险经常会让我们忽略不计。但是，假如你全力以赴地做好一件事情，不管大小，不管重要与否，你把工作做到了极致，同样是在展示你的能力。

林的工作是客户服务热线的领队，她所带领的客服团队是市里最优秀、最有责任心的团队，因此，很多公司都希望林的团队可以加入。林现在是一家大型企业的核心人员。

林在刚步入职场的时候，只是一个专科毕业生，根本就不满足公司的就职条件。她还是靠走关系才得到了一个客服人员

的职位。

客服的工作非常累，每天要戴着耳机，一只手要拿着电话，另外一只手要不停地翻找资料，或是查询信息，眼睛要一刻不离地盯着电脑屏幕，耳朵里还要认真地听清顾客所说的每一个字，大脑要跟着一起思考，嘴巴还要说出让顾客满意的话语……这项工作需要保持精神高度集中，非常忙碌，甚至连上厕所都要轮班。林的生活同样如此。刚开始的时候，林对这样紧张的工作非常不适应，但是林不轻易认输的性格让她慢慢地成了团队中的销售高手，最后成了团队的领队。林的成功是由她不断地努力换来的。

林所在的公司，客服人员同样有销售的任务。换句话说，她不仅要为顾客解决问题，还要向顾客推销产品，这让不擅长交际的林，有些不知所措。

但是林却凭着自己的努力，利用业余时间学习电话销售的相关知识。当别人在外边吃喝玩乐的时候，林却一个人在家中模拟电话销售。她想象着和顾客在电话交谈中的每一个细节和问题，然后一一击破；当别人都已经酣然入梦的时候，林却还在计划着自己每天的工作以及怎样提高自己的业务能力，而且偶尔在书中抄写一些好句子，和同事们分享。

大家看到林这个着魔的样子，都说她实在是太努力了，甚至在她去买东西的时候，都要和商家探讨一下销售技巧。林认为这样可以以最快的速度提高自身的能力，但是她的同事却不以为然，甚至有些人对林这样的做法嗤之以鼻，认为林这样简直是太笨了。

或许林这样的做法的确是有些笨，但是她的努力却是大家有目共睹的。有一次，因为公司国外顾客量不断增加，这就需要林的团队要有一两个精通英语的人。但是大家每天面对忙碌的工作和巨大的压力，没有谁愿意去从头学习一门新的语言。

林却做了，她报了英语学习班，甚至还把学到的句子分享给同事，希望团队中的每个人都能学会英语。

林的努力得到了公司领导的肯定，最后任命她为团队的领队。在林的领导下，她的团队在工作中也是精益求精，力求做到最好。

后来，林所在的公司濒临倒闭。当林正在为将来发愁的时候，一个电话的到来让她目瞪口呆。原来，她所在的团队因为

业绩出众，已经有好几家大型公司希望可以和她的团队合作。

幸福来得太突然，但是林对自己的公司有着深厚的感情，她并没有立刻答应。但是，眼看着她的团队成员不停地被挖走，林终于决定去另外一家公司开始新的生活。

就这样，林通过自己一点点的努力，从一个走关系才进入公司的女孩一直到团队的领队，再到公司的核心人员……

林之所以取得这样的成就，靠的不是她的才华，也不是她的关系，而是她脚踏实地地把每件事都做到最好，做到全力以赴。

不管在工作中还是生活中，我们都需要有林这种“傻劲”，这也正是林能成功的最根本原因。这和一个人的智商、天赋和才能都没有关系，这只是我们对待事情的态度。可能有人会对此不屑一顾，觉得这样做没有意义，但是每个人的目光都是有限的，谁能够确定这种“傻劲”就真的一点儿意义都没有呢？

或许，正是因为你忽略了许多“没有意义”的事情，你做事情才没有全力以赴，机会也不会为你敞开大门。世界上不存在立见成效的努力，不管做什么我们都要认真，全面做到全力以赴，其他的就交给老天来决定。

人生犹如一场战斗：生命不息，战斗不止

生命的过程就是在一场永不停止的斗争中逐步前进。我们要知道：生命不息，战斗不止。

海明威的小说《老人与海》中有这样一句话：“人并不是生来就要被打败的。你可以毁灭他，但是绝不能打败他。”这句话激励着很多人勇敢地面对生活中遇到的苦难和痛苦，永不放弃。

老人圣地亚哥是《老人与海》中的主人公。他为人坚韧、勇敢，曾一连80多天没钓上来一条鱼，终于在一次出海中，他钓到了一条比自己的船还要大的大马林鱼，最后老人经过斗争终于杀死了它。但就在老人带着这条鱼回去的途中，又引来了鲨鱼，老人又和鲨鱼开始斗争，最终老人精疲力竭地回到家中，但是大鱼已经被鲨鱼吃光了。

一个坚韧、勇敢的人可以忍受任何事情，唯独忍受不了“认输”。因为人是不能轻易就认输的，这样的人也是不会有什么作为的。

每个人都应该是一个战士，就如同一个角斗士，不管敌人是多么凶残的野兽，都要舞动手中的利剑迎接战斗。这不单是为了生存，更是为了自由和尊严而战。即使最终失败，甚至战死，也总比苟且偷生有意义。所以说，生命就是一场战斗：生命不息，战斗不止。

布鲁斯——苏格兰的国王，在和英格兰的一次战争中战败，当时他在一间破旧的茅草屋中躲避敌人的搜捕。布鲁斯非常绝望，他看见一只蜘蛛正在织网，布鲁斯故意弄坏了蜘蛛刚结好的网，他想知道这只蜘蛛会怎么办。

让他意外的是，蜘蛛对于这并不在乎，只是重新开始织网。

布鲁斯再次把蜘蛛网弄破，但是蜘蛛依然毫不在乎，继续重新织网。就这样，连续几次，蜘蛛都没有放弃织网。

布鲁斯为这只蜘蛛的行为而感动。他认为一只小小的蜘蛛经历了几次失败都依旧不放弃，他作为一个国家的领导人，怎么可以放弃呢?

于是布鲁斯卷土重来，和英格兰再次开战。最终布鲁斯取得了战争的胜利，把英格兰人赶出了苏格兰的土地。

布鲁斯正是通过蜘蛛织网得到启示：生命不息，战斗不止。

有些人在遇到一些磨难的时候，就会失去生活的勇气，开始埋天怨地，甚至像个胆小鬼一样选择结束自己的生命。他们身体十分强壮，并且他们所处的境况并非想象中那么凄惨，但他们的内心却十分脆弱，这正是因为他们没有正确地看待人生。

不论我们遇到什么样的不幸，都不应该苟且偷生，要学会斗争到底，绝不轻易认输。

战斗可以让人保持年轻、永远充满活力，也是战斗让人生变得更有意义。我们应该知道，人生这场战斗不会因为任何事情而停止，只要我们还活着，战斗就不会停止！

有付出才有回报

小雪是我的好朋友，去年夏天她告诉我她要出国深造的打算。尽管小雪被公司委以重任，但如果她想成为公司的核心人

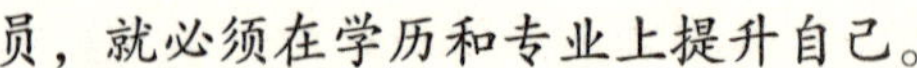

员，就必须在学历和专业上提升自己。

但是如果让她在半年的时间内完成托福和GRE的考试，不管在时间上还是在精力上都很有难度。

时间慢慢地逝去，在我早已忘记这件事的时候，突然，年前的一天小雪告诉我，她通过了考试，已经请中介帮忙申请学校了。小雪高兴地说着，很难想象到她之前狼狈的样子了。

在过去的半年中，小雪白天实在没空用来学习，于是只好在完成工作后，晚上10点之后逼着自己学习。我也曾劝说她不要太拼命，但是我知道她是一个要强的人，不达目的决不罢休。

果然，她反而安慰我说："你知道的，我晚上常常失眠，现在我把失眠的时间用在学习上，说起来我还赚了呢！"

生活总归是自己的，为了实现梦想，当然是需要有所付出的。

小雪是一个十分优秀的女孩，这些都是凭借她自己的努力得来的。这几年，她一个人住，房子是租的，偶尔会遇到不讲理的房东，她只好匆匆搬家，一个人把一件件大大小小的家具搬来搬去；面对突然坏掉的水管，也会常备一些简单的修理工具；每次出差，独自一人背着十几公斤的行李箱，走上六层高的楼梯……

小雪对自己的要求也是很严格的，她常常忙到深夜才下班；她也曾在凌晨起床，只是为了赶上最早的飞机；她还曾为了准时把合同送到顾客手中，在炎炎烈日下，脚踩恨天高在路

上奔跑……

在很长的一段时间里，我甚至不确定她到底在哪里，因为她一直在不停地奔波，从未停止。

她也曾哭过、怨过，但这都是她自己的选择。

在她遇到难题时，别人会问："你打算怎么做？"

她每次都会笑着说："还行，我已经习惯了。"

对于和小雪一样努力拼搏的人来说，所有的付出都是值得的，他们是把别人以为的困难当成通往成功的路径和自己能力的证明。努力奋斗的人总是会得到命运之神的青睐，假如你真想得到某样东西，你就必须为之拼搏。

其实，每个人都一样，只不过是选择的不同而已。如果你选择拼尽全力为之努力，让自己离目标更近一些，这样在你之后的日子里，你也会更加轻松，可以选择自己想要的。

说得更清楚些，其实我们现在还没有资格休息，或者什么也不干，我们现在需要做的是为自己积累资本。

要知道，只有付出才会有回报。假如一个人比其他人都成功，那么他一定比他人付出得多。所以我们要做的就是把握现在的每分每秒，这样才会在未来遇到更好的自己。因此，从现在开始立刻行动，提高自己。

年轻人，从现在开始我们要对自己再狠一点儿！趁着我们年轻，多经历一些磨难，多增长一点儿勇气，只要是我们想要的，就努力去做。

要勇于付出，哪怕遇到千难万阻也不要放弃，拼尽全力去行动。把自己能做的一切和能做到的都做到最好，这才是最重要的。

我们要做到“不为失败找借口，要为成功找方法”。“我做不到”永远不应该是我们不成功的理由，“立刻去做”才是实现自我价值的最好的方法。就如同拿破仑所说：我们要努力奋斗，才能有所作为。这样，我们才能够说，我们的年华没有虚度，沙滩上才会留下我们的脚印。

专注可以帮你成功

即使你不聪明，你的IQ也不是很高，但是只要做什么事情足够专注，你就能够比他人做得更好、更高效。

很多时候，专注会给我们带来很多好处。专注可以稳定人的情绪，让人更加敏捷，甚至让人感觉不到时间在流逝、环境在变化，可以高效地完成创造性的工作。

许多人都有这样的经验：在辩论、演讲或是考试之前，感觉十分紧张，但是当全部身心都投入之后，就不再紧张。这就是因为专注让我们的注意力集中在一个点上，这样担忧和焦虑也会随之消失。

回想那些我们知道的优秀的人物，他们在自己所在的领域都是十分专注的。相传3D游戏之父卡马克不论在怎样嘈杂的环境下都能够保持高效率的工作。曾经有人为了验证，曾经在

公司中播放 A 片，但是只有他压根儿没注意这件事情，他的大脑正在自己的世界中高速运转。

对于脑力工作者来说，拥有专注的能力是人人都想拥有的状态，因为它可以让人更容易取得成功。

大部分人的智力是没有太大差别的，如果能够给他无穷的时间，他很有可能也会取得巨大的成功。但是难的是人的一生是有限的，能够拥有的时间也是有限的。这样，如果想取得成功就需要专注、专注、再专注！

只要专注，人做什么事情都会全力付出，不受外界的干扰，也会更加有效率。

但是，专注并不是很容易就能做到的。专注不仅是要不被外界干扰，同时自己在下意识中也不能胡思乱想。

我们的眼睛只能看见那些我们大脑可以理解并愿意看到的东西。许多时候，虽然我们在看但没有用心，因为在用眼看的同时，还需要用大脑思考，所以有人会偷懒。

例如，在“找不同”的游戏中，两张看上去一样但是有些细节不同的图片，让你找出它们的不同之处。你只有集中注意力才能快速地找出所有的不同，否则你很难发现不同。

人们常常为精神不集中而感到苦恼。那么应该怎样让我们更专注呢?

最简单的办法就是减少环境中的干扰因素。例如，独处在一个安静的房间，做一些具有一定挑战性但可以完成的有趣的事情，我们可以快速达到专注的状态。

当然,在平时也能够刻意地做一些可以提高专注力的练习,哪怕只是几分钟，只要长期坚持也会有显著的效果。这就像是在记忆训练中，让被训练人盯着大圆圈一直看，直到你看到的圆圈变成一个点汇聚在一起，只要你不断地练习，肯定可以轻松地做到，然后你再阅读的时候就会发现，自己的短暂记忆是之前的 1.5 倍多。这就是通过锻炼精神集中力让你形成专注的习惯，从而提升记忆力。

假如我们不得不待在嘈杂的环境中，也是可以控制我们的专注力的。首先，我们要对可能遇到的各种状况有所准备，当真的发生之后，我们也不会不知所措。另外，我们可以运用一些关键词，例如，用“专注”“不要看”等来提醒我们保持专注，这样我们就能够作出积极的反映了。

同时，我们要发现自己的兴趣点，这样我们就可以充满激情地投入到我们感兴趣的事情中,这样我们才能从噪声中解脱。

我们要知道，只有充满激情，我们才可以全身心地投入，

才可以把我们身体的潜能激发出来，变为自己的实力。

因此，在我们选择职业的时候，一定要认真考虑，选择自己真正喜欢和热爱的，这样才能取得非凡的成就。

然而，专注也代表着要有所牺牲。比如，正在写作的时候，为了让你的灵感不被中断，就需要拒绝当时所有的约会、邀请，让自己处于一个封闭的空间，切断和外界的联系。只要进入了专注的状态，就想着把手上的事情快速做完，同样这也会让我们忽略掉一些东西，比如，友情、亲情……这就是事物的另一面。

人就是这样的一个矛盾体，既想着自由又不能脱离社会；既想提升自己，又希望和他人保持亲密关系。所以，只有让两者产生共鸣，同步发展，我们的人生才会更美满。

失败一点儿也不可怕，可怕的儿是不能认清现实

不同的人看待问题有不同的答案，假如一个人认为是你的错，那么可能你是错的，也可能你是对的；但假如所有的人都认为是你的错，那么很有可能你是真的错了。这时候你应该勇于认错，不要再继续错下去了。

赵云是一个非常要强的人，他在学校期间学习成绩一直名列前茅，步入工作岗位后工作能力也非常突出。但他却有一个毛病，就是永远不愿意听他人的指责。不管是谁，哪怕给他的

意见对他有利，他也会冷言冷语，甚至和他人争辩，从来都不会认为自己有错，更不愿意接受他人的指责。

有一次，赵云在和顾客估算项目费用的时候，他所计算的价格要比顾客自己计算的整整多了5万元。赵云的助理张强仔细核对计算后发现，原来赵云把顾客需要的材料弄错了。尽管已经找到了差错的原因，但是赵云却不认为这是自己的原因，反而认为是助理没有把工作做好。事后，顾客把这件事情告诉了赵云的老板，老板对赵云很了解，便不停地向顾客表示歉意。之后，老板找到赵云谈这件事情，但是赵云不仅没有自我反省，而且一直认为自己没有错误。

过了一阵，赵云负责的另外一个订单的预算又出现了一点儿小问题，这次赵云仍旧坚信不是自己的错误。当老板找来赵云时，还没开口，赵云便态度倨傲地说道："我知道您还在为之前的事情念念不忘，但是这并不是我的错，为什么您要一直针对我呢？"老板见到赵云的态度，直接拉下脸来说道："既然如此，那还是请你另谋高就吧，我的公司不需要一个不能接受批评也不会自我批评的人！"

做错了、失败了，我们就要勇于承认错误、承认失败，然后改正错误，挽救失败的局面。坚持不认错一点儿用也没有，这并不是勇敢，而是不明是非的一种固执的表现，是一种不尊重事实以自我为中心的作为。

所以，发现错了就要及时认错，认清现实，这样才会有所进步！

做事果断，该出手时就出手

做人，要低调一点儿，而做事就要抓住机会，要果断，该出手时就出手。

20世纪80年代世界最著名的机械制造公司卡地亚那公司，公司中人才云集，就算是像詹姆斯一样在耶鲁大学机械工程专业的毕业生也很难进入公司的研发部门。詹姆斯决定从底层开始，一步一步地晋升。

于是詹姆斯成了该公司的一位普通工人，平时做些打扫杂物的工作。但是，他却从来没有忘记过自己来公司是为了什么，他每天暗自观察、努力学习，在这里自学了许多知识。

就这样过了一年，公司研发的产品遇到了瓶颈，而研发部却一直解决不了这个难题。正当公司的高层人员为此而苦恼时，詹姆斯来到总经理的办公室，把公司遇到的难题一一分析，并提供了解决方案。詹姆斯设计的图纸，不仅保留了原设计的优点，还克服了之前的缺陷，解决了让所有人都一筹莫展的难题。

这时，詹姆斯才公布自己的身份，因此，他被晋升为生产技术部门的副总经理。

在一年的潜伏后，詹姆斯这次的果断出手，可以说是不飞则已，一飞冲天。如果韬光养晦不能达到一飞冲天这样的效果，那么之前所积蓄的力量就发挥不了太大的作用了。

因此，我们要学会韬光养晦，更要学会抓住机会，果断出手。那么，想要达到一飞冲天的效果，我们应当注意些什么呢？

1. 要有合适的机会。必须在一个关键的时刻出手，就像詹姆斯那样，在所有人都束手无策的时候，詹姆斯的出手才会让人觉得难能可贵。

2. 要有足够的力度。既然出手就一定要能够一次性解决所有的难题，打开新的局面，这样才可以一飞冲天。

因此，只有抓住对的时机再加上足够的力度，你的出手才会达到想要的效果。

决定你未来的是你的业余时间

林华最近听说好友张云用了三年的时间成功取得了CPA证书。林华由衷地为她高兴，但同时也有些悔恨：自己的考试早已经中断，平时除了上班其他还是一事无成。

人们通常都习惯活动在自己的“舒适区”，因此，生活中的烦琐事情和安逸的生活会逐渐消磨掉曾经的激情。但是，人不能永远止步不前，而是需要不停向前的资本和力量。

许多人会在熟悉的环境中迷失方向，抱怨没有机会，其实，他不知道的是他自己并没有好好地抓住机会。

经过三年的职场生活，林华同样知道自己的缺点和不足，但从未付诸行动。哪怕是周围的好友、领导多次提醒自己要去

自我提升，甚至他曾因为一些资历错过了升职的机会，但是他还没有下定决心。

“你是怎么做到的？”林华问张云。

“我们公司要求每个人都必须考证,而且作为淘汰的标准，我是把你们平时休息、娱乐的时间都用来学习。”

对呀！只有加倍地努力才会有所收获。决定你未来的是在你背后的东西，是别人永远看不见的部分。

因为我们想要崭露头角，就必须具备相应的能力，而这个能力是需要我们自己来培养和建立的，仅仅靠着工作的时间，是完全不够的。

也可以这样说，工作给我们带来的东西是有限的，假如我们想要更进一步，就必须主动去学习。

在职场中，常会有这样的现象：一个人在自己的本职工作上表现非常优秀，但是一旦调换岗位就会焦头烂额。这就是因为他只看眼前，平时从不知道积累，形式上稍微有些变动，就会显得无能为力。

因此，如果我们想要获得更好的位置、工作、选择……就一定要多充实自己。

在工作中，所有工作的调动，都代表着我们要学习与之相关的新知识、新能力，这样才会胜任新的工作。即使只是一些细微地调整，对于那些平常一点儿准备都没有的人，也会是一项艰巨的挑战。

假如我们不懂，再小的困难，在自己眼中也会显得十分大。

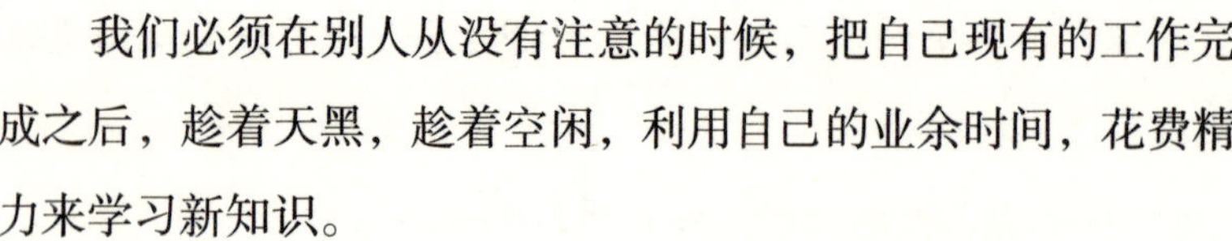

我们必须在别人从没有注意的时候，把自己现有的工作完成之后，趁着天黑，趁着空闲，利用自己的业余时间，花费精力来学习新知识。

因此，我们怎样利用业余时间，是用来提升自己还是用来消磨时光，就尤其重要了。如果我们利用这部分时间来学习一些新知识，新能力，主动去攻克一些难关。就算这些东西和现在的工作没有任何关系，也可能会对我们的未来有所助益。

我们都知道“机会总是留给有准备的人”，你的未来是否优秀，完全取决于你在业余时间的作为。因为，我们的业余时间是由我们自己完全把控的。

这个时候，我们不必遵照他人的吩咐来办事，不必按照公司的制度来安排，我们完全可以利用好这段时间，以备将来遇到最好的自己。

很多时候，我们不愿意付诸行动，不愿意把用来玩乐享受的时间用来自我提升，这是我们没有信心的一种表现。

“我所学的这些，现在对我一点儿帮助都没有，我这不是在浪费时间吗？”

“我付出这么多，但是却没有机会展示怎么办？”

“现在需要花费我这么多时间来学习，等我真升职之后再学也来得及。”

我们不相信努力就会有好结果，也不相信付出就有回报，因此会望而却步，用一些约会或热闹来躲避。

即使我们已经因为自己的一些不足而错失了许多良机，但我们依旧无法克服自己的懒惰，依旧随着习惯，走下坡路。

然而，职场上风云变化，“凡事不进则退”，我们可以选择不断前进，也可以选择被动淘汰。假如我们不知道提高自己，那么要怎样面对接二连三的竞争和压力呢？

正如有句话所说：其实天赋，不过就是通过不断地积累、不断地失败、不断地学习来实现的。所以说，如果我们想要改变，就一定要从现在开始充实自己，这样才能得到我们想要的生活。

年轻人，我们一定要坚信，我们的将来一定会比现在更好！

有了梦想，就要利用一切可以利用的时间为梦想加油，只要努力，梦想一定会如期而至！

第八章

你受的苦，终将铺好你未来的路

这是一个吵闹的世界，也充满着爱恨情仇，更有一些我们看不到的苦难、背叛、挫折、眼泪和情非得已。你所吃的亏、忍的痛、扛的罪、流的泪，都会变成一盏盏路灯照亮你的路。将来的你一定会感谢现在拼命的自己；你的努力终将成为无可替代的自己；你受的苦，总有一天会照亮你未来的路。你的负担将变成礼物，你受的挫折和一切苦难将照亮你的路。

吃得苦中苦，方为人上人

吃得苦中苦，方为人上人。意思是吃得千辛万苦，才能获取功名富贵，成为别人敬重、爱戴的人。每个人都可能有环境不好，遭遇坎坷，工作辛苦的时候。说得严重一点儿，几乎可以说，在我们每个人降生到这个世界以前，就注定了要背负起经历各种困难折磨的命运。

我们虽然注定要靠劳力、靠工作来维持自己的生活，虽然注定有七情六欲来品尝人间各种各样的悲欢离合，但在另一方面，我们却有机会欣赏这有鸟语花香的世界，我们还有智慧可以体味人间苦乐的真谛，我们也还有心情来领略人间的爱心、善良和同情是何等的珍贵。

周大虎，浙江大虎打火机有限公司董事长，拥有三亿多元的资产，很多人非常羡慕，也非常佩服他。其实，很多人并不知道，他衣着光鲜的背后，曾经吃尽了苦头。

初中毕业后，周大虎到农村插队。那个时候乡下的生活非常困难，实在维持不下去。于是，17岁的周大虎便和几个同乡四处流浪谋生。

周大虎第一站到了西安，他在这里做钣合金工。由于当时他们没有全国粮票，吃饭经常有上顿无下顿，甚至连续吃了一个月的柿饼，导致肠胃消化不良。

尽管生活艰苦，但当时有组织地外出打工是闻所未闻的。没过多久，牢狱之灾就降临到他身上，组织他们的包工队队长被以“黑包工头”的罪名给枪毙了。周大虎也被抓进了西安大牢，关了一个月之后，他被遣返回了老家。

但是，老家的生活实在贫困，日子难以为继。周大虎又开始跑到江西、安徽、湖北等地流浪。25 岁那年，机会来临，周大虎顶替母亲的班得以进入温州邮电局工作，开始了每天扛邮包的日子。这个工作相对稳定，周大虎十分珍惜，因此他每天扛邮包的数量比其他人多得多。因为有了七年流浪吃苦的经历，所以当其他人都叫苦不迭时，周大虎嘿嘿一笑，并未觉得苦。

时间很快到了 1991 年。这时他妻子下岗了，分到了 5 000 元安置费。面对这一人生挫折，周大虎不叫一声苦，腾出一间住房作为生产车间，用妻子的安置费招了几个工人，开始生产打火机进行创业。

由于他在流浪中吃过苦，积累了丰富的阅历、胆识、忍耐力，小厂很快就渡过了困难期，并完成了原始积累。一年之后，周大虎扩大规模，厂房面积达两百多平方米，工人招募了一百多个，生意开始蒸蒸日上。

这时，周大虎干脆从邮电局辞职，一家三口从刚装修好的新居搬进租来的破旧厂房，挤在没窗户、没空调的小阁楼里。厂里没有浴室，也没有食堂，全家只能整天吃快餐，把一百米远的公共厕所当卫生间。这一住就是整整五年。

正是周大虎吃得苦中苦，公司的销售额连续五年翻番，到1999年产值突破亿元大关。周大虎成为当地的纳税大户。目前周大虎的公司有工人一千多名，配套生产的厂家有数家，大虎打火机畅销国内，并出口世界七十多个国家和地区。

想赚钱就得吃苦。赚小钱就吃小苦，但想赚大钱就得吃大苦。干任何事情何尝不需要吃苦呢？自古英雄多磨难，纨绔子弟少伟男。

正是这种“吃得苦中苦”的顽强拼搏精神，才实现了每个人优质人生的梦想。

立大志，不让无知者挡前程

年轻人由于荷尔蒙分泌旺盛的关系，常常心高气傲，看不起别人，不把别人放在眼里。这是一种错误的竞争心理。如果一定要说这是上进心的话，也许有一定道理。工作只是一个平台，少了谁都会运转。但是有的年轻人不这样想，以为公司或单位少了自己就不行，故而嚣张跋扈，缺失了最基本的与人为善的生存法则。一旦遇到狠角色，不动声色之间就会把他打翻在地，而且让他知道“山外有山、人外有人”的道理。

因此，有实力是一件好事，但没必要争一时高下。人生区区几十年，小盒子就是我们每个人最后的归宿。我们在社会上也没必要大事渲染竞争之风，应制定相关政策措施让大家和睦

相处，亲如兄弟，共同维护这个社会的良性循环。

清朝中期有个“六尺巷”的故事。据说当时的宰相张英与一位姓叶的侍郎都是安徽桐城人，两家是邻居。但是两家的家人都要砌房子造屋，就必然要牵涉地皮。那时不像现在，土地都是国家的。所以两家为争地皮，发生了激烈的争执。

张宰相的妈妈觉得儿子是一人之下万人之上的大官，竟然有人不买账，就写了一封信到京城，要儿子张英出面干预。

看罢母亲大人的来信，张宰相到底见识不凡，立即写了一首诗来劝导母亲：

千里家书只为墙，

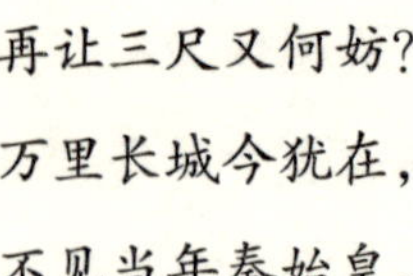

再让三尺又何妨？

万里长城今犹在，

不见当年秦始皇。

张老夫人到底是读过书的人，看过宰相儿子写来的信之后，立刻明白了其中的道理，就命人主动把墙往后迁移退让三尺。邻居叶家见后，心生惭愧，也主动把墙退后三尺。这样，张叶两家的院墙之间形成了六尺宽的巷道。这个宽容的故事至今为人们津津乐道。

宽容与忍让往往是辩证统一的。宽容和忍让不是懦弱，也不是个人做事原则的背叛，而是以退为进，在宽容与忍让中韬光养晦的策略。

逞一时之强，斗一时之气，争强好胜，得到的只是蝇头小利，而你却失去了别人对你的尊敬、友好和礼貌，置自己于失道寡助的绝境。所以我们提倡韬光养晦，不贪图一时之快，厚积薄发，直奔前程。

“台球神童”丁俊晖和“世界飞人”刘翔是经常在赛场上驰骋的中国运动健儿。在国外比赛时，两位运动员常常无缘无故受到不文明者的辱骂。

一次，有个外国球迷不住口地叫骂丁俊晖是“中国白痴”，后来被现场保安人员赶出场外。但丁俊晖根本不放在心上，仍旧专心于比赛。“世界飞人”刘翔也经常受到个别国外观众的不文明骚扰，尽管很委屈，但刘翔忍字为上，专注比赛，取得了世界冠军的好成绩。赛后他还用一句歌词自嘲：“男人，哭

吧不是罪。”说得多好啊！

立大志，才能远小争。成大事者都会刻意地远离小纷争，因为他们知道，在人生的关键时刻，要实现人生的远大目标，就必须看大处、顾大局，做事专注，不受干扰，不能让无知小人挡住自己的前程。

因此，不争一时之气，不代表懦弱、被践踏，而是一种超凡的智慧。

不争一时之气，要争千秋万世

上帝很公平，每个人的人生自有定数。你为人处世如何、生活态度怎样，往往就对应了每个人的成就和生活品质。

每个人都有自尊心，有的时候被人莫名其妙神经质地发作一通，搁谁心里都不会好受，所以后来自己就会据理力争。结果就是自己的心情变差，不但耽误了工作，还气坏了自己的身体，真是不值得。

事实上，在我们的周围就有这样一些人，喜欢占小便宜，喜欢对事对人斤斤计较，权力欲旺盛，对鸡毛大的权力看得很重。有时会为连鸡毛蒜皮都称不上的小事发火显示权威，然后强势把你压制下去，让你知道他很了不起，你是多么的不堪一击，把办公室同事关系搞得水火不容，如同深仇大恨。这种人是非常可恶的，我们恨不得他立刻去死，以发泄心头之愤。

郑板桥有个成语叫“难得糊涂”。意思是说宽容点儿、厚道点儿、糊涂点儿，比什么都好。当然，“糊涂”不是“装疯卖傻”，不是打“肚皮官司”，更不是“留一手”，等“秋后算账”，而是给对方留点儿面子，给矛盾缓解留点儿余地。其实，你装糊涂，对方也不笨，他是会打心眼儿里感激你的。“难得糊涂”实际上是宽容在起作用。

负荆请罪的故事

战国时期，赵国有一个足智多谋的上大夫蔺相如，还有一个英勇善战的大将军廉颇。这两个人是赵国的顶梁柱，是赵国国君的左膀右臂。

有一年，秦王邀请赵王到渑池相会。酒宴上，秦王让赵王弹瑟。在秦王的威势之下，赵王没办法，只好弹了一曲。

当时陪同赵王的蔺相如心想：“秦王以势压人，欺负赵国。我必须为赵王争回面子。”思想已定，就捧起一个瓦缸，大步走到秦王面前说：“我听说大王擅长弹奏秦国的音乐，我斗胆请大王击下瓦缸，大家快乐一下。”这太出乎秦王的意料了！秦王根本没想到会出现这种局面。在蔺相如的强逼下，只好勉强在缸上敲了一下。秦国的大臣非常生气，从来没有哪个国家敢这么做！他们气得大叫：“请赵国割十五座城向秦王献礼！”蔺相如针锋相对，高喊：“请把秦国首都咸阳作为礼物献给赵王！”秦国一点儿便宜也没占到。回国后，赵王封蔺相如为上大夫。

这件事情让廉颇愤愤不平。他对人说：“我出生入死，屡立战功，而蔺相如算什么呀！只凭三寸不烂之舌，居然官做

得比我大！倘若给我遇见，我一定要当面羞辱他，让他下不来台！”蔺相如听说后，处处忍让，上朝时也装病请假在家，以免与廉颇争执，引起不快。

真是怕啥来啥。有一天，蔺相如乘车出门，远远看见廉颇的马车迎面而来，他立刻吩咐仆人把车子调转方向，避开廉颇。

蔺相如身边的人都说他太胆小了。他问大家：“各位，你们看廉将军与秦王哪个更厉害？”

“那当然是秦王更厉害啦。”大家异口同声地说。

“我敢在秦国当众呵斥秦王，又怎会偏偏怕廉将军呢？”蔺相如款款说道：“那我为什么要怕廉颇将军呢？只是我想到，强大的秦国之所以不敢对赵国动武，是因为有我和廉将军两个人在。如果我们两人争斗起来，斗得你死我活，就会被敌人钻空子。国家的安危才是第一位啊！”

廉颇听到这些话很惭愧，就脱掉衣服光着脊背，背着长满刺的荆条，到蔺相如府上请罪。两人冰释前嫌，成为好朋友，共同辅佐赵王。

老子说：“夫唯不争，故天下莫能与之争。”这句话的意思是，正因为不与人相争，所以全天下都没人能与他相争。可惜的是，两千多年来，能参悟和运用此倍者凤毛麟角。尤其是30岁前的年轻人，在名誉、金钱、职称、职务面前，往往不择手段争得面红耳赤，结果大都落得个遍体鳞伤、两手空空。有的甚至身败名裂，一命呜呼。

所以我们要以平常心去看待世上的一切，包括金钱、爱情、

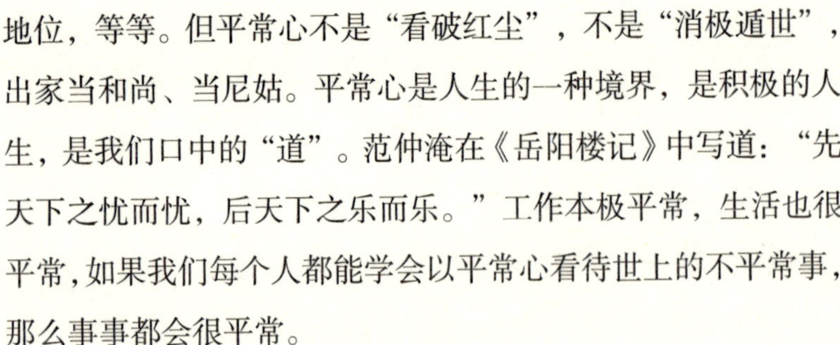

地位，等等。但平常心不是“看破红尘”，不是“消极遁世”，出家当和尚、当尼姑。平常心是人生的一种境界，是积极的人生，是我们口中的“道”。范仲淹在《岳阳楼记》中写道：“先天下之忧而忧，后天下之乐而乐。”工作本极平常，生活也很平常，如果我们每个人都能学会以平常心看待世上的不平常事，那么事事都会很平常。

放眼看去，为何有的人过得如此优雅，如此富足，如此快乐？事实上，他们有个共同特征：事事宽容，大智若愚。大智若愚是人生的大智慧。能做到事事宽容、大智若愚的人，绝不是平凡人，他们的生活不会过得很差。所以我们要建立自己的为人处世准则，向自己人生的目标前进。

宽容是通向幸福的大门。在金钱、名利等纷争面前，宽容和忍让是最好的办法。吃点儿眼前亏并不是示弱，恰恰是展示肚量和胸怀的机会。如果事事都要斤斤计较，那么，你的格局必定越来越小，最后变成目光短浅、思想狭隘的人。有的人在长期的明争暗斗中学会偷奸耍滑，这种人更是与小人没什么分别。对别人的过失和伤害，能不计较的，就不要计较，这样才能活得坦然，活得幸福。愿你与我共同拥有快乐幸福的人生。

感谢那些折磨过你的人吧！这会让你更强大

金就砺则利，木受绳则直。金属受到艰苦的磨砺，就会变得很锋利，树木由于受到限制，就会长得笔直，成为有用的木材。人的一生，如果没有敌手，你就不知道这个世界存在的风险，不知道这个世界的险恶，你就不会实现自己真正的强大。

“人生布满了荆棘，我们唯一的办法就是从那些荆棘上迅速踏过。”这是法国著名思想家伏尔泰的名言。这告诉我们，面对生活的险恶，我们别无选择，只能勇敢提升自己，使自己足够强大，碾压对手。

感谢那些折磨过我的人

来英国念书这一年，我感觉到了前所未有的累，心累。从小到大，我虽然不是学霸，但读书也不是我的弱项。

高三时还经常跟朋友打球散步，每天晚上 10 点睡觉，早上 7 点起来上课，回家从来不做作业。高考时因为打瞌睡考砸一科，却也上了一所大学。

大学时被学霸带动着天天上自习、图书馆占座。虽然很忙，但从来没有得过奖学金。尽管如此，大学四年结交了一群生死相依的朋友，树立了正确的“三观”。

大四时决定出国，为此一路打拼，考雅思、练口语、求佛祖，最终如愿。那个时候以为读书是最痛苦的，殊不知真正的痛苦还没来临。

来到英国整整一年里，我们专业都流传着一句话：“安娜是你绕不过去的墙。”

安娜是谁？是我们的翻译理论课的教师，有“灭绝师太”的绰号，大家都知道她的厉害。

本来在国内读大学的时候，老师每次上课至少花半小时说我们没有翻译理论基础，翻译出来的文句没有生命的活力，死气沉沉。这使我这一生轻视翻译理论，更不重视翻译实践。大学毕业后，我带着自己理解的翻译理论来到了大洋彼岸的英国，遇到加西亚博士，学了一个学期的《翻译问题研究》。

很快，我们就迎来了期中考试。考的第一门就是写一篇2 000字的翻译评述。我根据自己的想象写了一份2 000多字的自我感觉极好的翻译报告交了上去，然后静候佳音。

一个月后拿到了分数：46分。安娜的评语是“非常难懂，不知所云。”怎么回事？我的英语八级都过了的啊！我们专业四个中国人挂了仨，唯一过的那个还是勉强过的及格线。太欺负中国人了！

没办法，安娜有生杀予夺的大权！人在屋檐下，哪能不低头啊！改！你说我行文难懂，我改；你说我哈佛注释格式不对，我改；你说我逻辑不好，我改；你说你看不懂，我改。为此我常常凌晨两三点还坐在电脑前，早上6点蓬头垢面起床，第一件事情就是先看看论文。甚至于有一天因为熬夜太久空腹喝咖啡，我一整个晚上头痛胃痛，又拉又吐几乎没睡，第二天旷课

继续写论文。

好痛苦啊！因为安娜说“这个专业的根本就是语言”。身边同学的英语几乎个个都是呱呱叫，跟他们比起来，我的英文简直太差了。第一次失败，我以为是种族歧视，有点儿慌神儿了；这次这么努力，没想到又没通过，而且仅仅只差1分！整个班级哀鸿遍野。

我的中国小伙伴都是纷纷泪目；学霸英国人竟然只拿了69分，而且理由很奇葩：不能让她优秀，因为她太骄傲！这是什么逻辑！我们决定先建个群，大家商量好之后到系主任那里去上诉。

一个好消息是，听说安娜被系主任批评了一顿；一个坏消息是，考核结果不变。

忍无可忍，无须再忍。我和朋友拿着论文去找安娜理论。我问她：“老师，到底是哪里表述不清？哪里语句不通？请给我指出来。”她似乎有些紧张，只是支支吾吾笼统地说：“全都不清楚。”

这是什么话！我又问她：“老师，你觉得我的语言欠缺在哪儿？”

“你是我见过的中国学生里英文最好的，但是，”她停顿了一下，“比起那些地道的英国人而言，你的英文表述还是远远不够。”

她总算说了实话。而这真的是我的弱项，但考试和写在纸上的作业，我是没错啊！

我继续问道：“安娜老师，那你觉得我离及格差 1 分的距离远吗？”

“不远。只要你把我提的问题改了就可以及格了。”她淡淡地说道。

经过两次大大的折腾之后，我终于在补考中艰难通过。

那天，我望着西斜的太阳，心里五味杂陈。没有太多的喜悦，忽然觉得挂科补考其实也没那么可怕。也许是自己自视太高，人生第一次补考，所以它看起来才那么面目可憎，着实煎熬。也许是自己以前的求学之路太平坦了，太顺利了，所以这样的挫折就会让自己心灰意冷。

我胡思乱想着，漫无目的，也不知道是如何走回宿舍的。

我回去后，睡得昏天黑地，三天三夜都没起床，同宿舍的人以为我死了。

一觉醒来发现窗外阳光灿烂，百鸟争鸣，心情较好，就爬起来找了点儿吃的，开始整理课堂笔记和翻译作业。

后来我在英国求学的课程全部通过。安娜对我的毕业评价是："语言精准，条理分明，逻辑严谨，尽管存在格式上的细小错误，但总体优秀。"话说得好听，却只给了60分，但这一次还是让我小有成就感和安全感。

虽然已经毕业，但是我对安娜的为人处世依旧无法释怀。不管怎么说，在英国求学很是煎熬、心累，很痛苦，丝毫感觉不到学习的乐趣。但是一个无可争辩的事实是，我的英文写作水平、口语翻译能力、逻辑思维能力都得到了明显的提升。我不知道求学故事是好是坏，但有一点要说的是，我成长了！

记得湘楚雁丽说过，人生是一条不断跋涉的路，有风雨，有阳光，有泥泞。内心，是一个辽阔的天空，当你心里装着四季的时候，才能在花开花落中，学会接受和懂得，在风雨中坚强，阳光下才会明媚，人生有四季才会丰腴。走在滚滚红尘，总会遇到很多不顺心如意的事情。只要拥有一颗赤子之心，生命里就会充满纯真和真诚善良。

一分耕耘，一分收获

“宝剑锋从磨砺出，梅花香自苦寒来。”没有辛勤耕耘，就不会有丰硕的收获。当我们看到别人取得收获的时候，“与其临渊羡鱼，不如退而结网”，就要想想自己该如何去做，才能不辜负这大好年华，才能不虚度自己的生命。一分耕耘，一分收获，比喻付出一分劳动，就会得到一分收益，无论成功与否，都是积累的过程。没有准备的人生，纵然机会已经来到你的面前，你也会与之失之交臂。

愚公移山的故事

相传，很久很久以前，在山西省境内，耸立着太行山和王屋山，绵延700余里，高超过万丈，高耸入云。

有位名叫愚公的老人，已经快90岁了，很不巧的是，他家的门正好面对着这两座大山。由于大山的阻塞，出行极其不方便，要绕很远很远的路，这使得全家人极为苦恼。

为此，他将全家人召集到一起开家庭会议，共同商议如何解决这个问题。大家议论纷纷，七嘴八舌，意见难以统一。这时愚公朗声说道：“不就是两座大山嘛！能有多大的困难！只要我们全家人齐心合力，就一定能搬掉屋门前的这两座大山，开辟一条直通豫州南部的大道，一直到达汉水南岸，大家以后出去就非常方便了，你们说可以吗？”

大家又是一阵议论，表示赞同这一主张。这时，愚公的老伴儿有些担心，她瞧着丈夫说："老头子啊！你这么大年纪了，靠您这把老骨头，恐怕连魁父那样的小土丘都削不平，又怎么能搬得走太行和王屋这两座大山呢？你这不是异想天开吗？再说了，您每天挖出来的泥土石块，又往哪儿搁呢？又有哪个地方能放得下这么多的泥土和石块？"

儿孙们听后，争先恐后地抢着回答："没关系啦！我们都有办法的。办法总比困难多嘛！我们将那些泥土、石块都扔到渤海湾和隐土的北边去不就行了？"大家意见一致，方法也一致。

决心既下，愚公和大家一起吃了个饱饭，就与子孙三人拿起扁担，挑上箩筐，扛起锄头开始干了起来。他们砸石块，挖泥土，用藤筐把石块和泥土一趟趟地运往渤海湾倒下去。

愚公一家干得热火朝天。这时他家有个寡妇邻居，只有一个七八岁的小男孩，也蹦蹦跳跳地赶来帮忙，工地上欢声笑语，好不热闹！任凭寒来暑往，一年又一年，愚公祖孙和小男孩都很少回家休息。他们只有一个目标：挖掉两座大山，打通出行的道路！

河曲住着一个名叫智叟的人，看到愚公率子孙每天辛辛苦苦地挖山，感到十分可笑。他好心地劝阻愚公说："愚公啊！你也真是愚蠢到家了！你看你这一大把年纪，已经是风烛残年，恐怕连山上的一棵树也拔不动，又怎么能搬走这两座山呢？真是太不自量力了。"

愚公听后，看着面前这个老头儿，不禁长长地叹了一口气。他对这个好心的智叟说："你这个人啊！胸无大志，目光短浅，思想简直到了顽固不化的地步，还不如那位寡妇和她的小儿子哩！是的，我确实是没几天活头了。但是我死了以后有儿子，儿子又生孙子，孙子还会生儿子，这样子子孙孙生息繁衍下去，是没有穷尽的。而眼前这两座山却是再也不会长高了。只要我们坚持不懈地挖下去，还愁挖不平吗？"面对愚公如此铿锵有力的话语，智叟面红耳赤，无言以对。

这件事情传到了山神的耳朵里，他害怕愚公每天这样不停地挖山，会把山挖掉，便去向玉皇大帝禀报。玉皇大帝手拂长须感慨万千："这个人真是了不得！有这样的人在，世界上还有什么事情是困难的呢！"他明显被愚公的精神感动了，于是就派两个大力神来到人间，将这两座山给背走了，一座放到了朔方的东部，一座放到了雍州的南部。

从此以后，冀州以南一直到汉水南岸，就再也没有高山挡道了。愚公的愿望终于实现了。

愚公移山，这是中国流传数千年的一个神话故事，反映了中国人改天造地的顽强决心和斗志。正是愚公一家不停地劳作，多少年奋斗不息，才最终实现了自己的梦想。路是一步一步走出来的，饭得一口一口地吃，幸福也是一点一滴努力得来的。一分耕耘，才会有一分收获。天上是永远不会掉馅儿饼的。下面讲一个懒惰致贫的故事。

在一户勤劳的家庭中，一对夫妻勤勤恳恳，起早贪黑，成

天到晚地工作着，因此，没过几年，这一家便富了，创下了一份比较丰厚的家产。

但是他们非常溺爱自己的独子。这个孩子饭来张口，衣来伸手，不事劳作，养成了懒惰贪吃的坏习惯。

老两口儿去世后，他便成天吃喝玩乐。饿了吃父母留下的粮食，冷了穿父母留下的衣服，过着神仙一般的快活日子。照这个速度下去，再多的财产也不够挥霍，就是金山银山也有消耗殆尽的时候。因此，过了两年，也就是腊八这天，他只剩下了一碗粥。最后被饿死、冻死了。

没有吃不完的饭，没有穿不破的衣。这个懒汉的下场是可悲可恨的。一分耕耘，一分收获。不耕耘，就想得到收获的成果，在现实生活中是永远都不可能的。

无论何时，你都要对自己抱有强烈的希望

这个世界是残酷的，人生来就会受些苦的。既然受苦，就免不了会有各种各样、程度不一的磨难在等着你。

作为人，我们都是不完美的，因此，我们要接受不完美的自己。孤独时给自己安慰，寂寞时给自己温暖。生活不是只有温暖，还有风霜雨雪。人生的路永远不会平坦。在这个时候，绝望都比希望更容易驾驭人的内心，因为绝望了，你的整个思维也就全黑了，然后天也黑了，地也黑了，空气也黑了。但只要你无论何时何地都对自己有信心，懂得珍惜自己，知道自己的价值，那么不完美的世界也能有温暖如初的依恋。

挫折让他奋起

约在10多年前，他有个多年深交的好友，是生意人，事业做得很大，住豪宅，出入有名车。因为信任，他借给好友1 800万元用于周转。没想到两个月后，这位“好友”从人间蒸发了，信息全无，听说是为了躲债跑到国外去了。

这真是人在家中坐，祸从天上来。1 800万中有800万是这位朋友拉下脸向亲朋好友借来的。这笔债务瞬时成了压垮他

的一根稻草。

事情发生之后，朋友很消沉，觉得人生陷入了绝境。他开始封闭自己，不与人交往，每天自斟自饮喝闷酒，心中充满了怨恨。直到他听了一场演讲中的故事，他的观念才彻底发生改变。

故事是这样的：

有个人开车回家。车子行驶在高速公路上，紧跟在一辆大货车的后面，货车上堆满了重物。不幸发生了，就在大货车拐弯的时候，车顶装载的货物随着惯性瞬时落了下来，这个人避让不及，车子撞上沉重的货物变得失控，一头穿过隔离带，翻滚到高速的另一侧。这个人受了重伤。

为了求生，这个人的双腿不得不锯掉，人生的后半辈子将在轮椅上度过。他万念俱灰，对社会充满了怨恨。后来这个人的老师来看他，希望他能从痛苦中解脱出来，于是问了他几个问题。

老师问道："回家的方式很多，是谁选择开车上高速公路的？"

"是我。"他小声回答。

"是谁决定在这个时间段回家的？"

"是我。"

"回家的路有若干条，是谁选择走高速公路的？"

"是我。"

"高速公路上的车子这么多，都知道跟车的危险。是谁选择跟在大货车后面的？”

年轻人低着头说：“还是我。”

“东西没有绑好，可能会落下来，这是已发生的事实，”老师继续说道，“如果没有砸到你，也可能会砸到别人。但此刻的结果是谁让它发生的呢？如果你不选择在这个时间上路，你不选择走这条路，你不选择跟在大货车后面，甚至没有保持足够的安全距离，那么即使东西掉下来，你也不会受伤，对吗？这起重大事故，你认为自己该不该负责任呢？”……

老师的话环环相扣，使得朋友如醍醐灌顶般突然醒来。是的！是他自己借这 1 800 万元给朋友的！这怪不得别人！要怪就只能怪自己遇人不淑。

朋友决定自己扛起一切责任。而就在想通了的那一刻，所有的怨恨都烟消云散了。他到理发店专门理了头发，又到商场买了一套新西装，重新开始为事业打拼。

这个时候的朋友经历过挫折，比以前更努力，也更谨慎了，不仅在短时间内还清了所有债务，而且现在已是一家大型房地产公司的董事长了。

没有人的一生都是一帆风顺的。每个人多多少少都会遭遇一些艰难险阻。你可以诅咒老天爷不公平，也可以选择怪罪别人，但这些都于事无补。最好的办法就是从这些挫败中吸取教训，为自己负起责任，那么这个教训不管代价多少，都是物有所值的。

所以，年轻的朋友们，从现在开始停止埋怨吧！擦干眼泪，

你的人生将从此与众不同！

拥有梦想，坚信未来一定更美好

一个拥有梦想的人，就会朝着自己努力的方向进发，就会动力十足。而有些人虽然有梦想，但他们总是真的在“梦”、在“想”，却没有付诸行动，而是懒散懈怠，而最终只是梦想成空。

世界著名寓言家克雷洛夫曾经说过：“现实是此岸，理想是彼岸，中间隔着湍急的河流，行动则是架在河上的桥梁。”对于这个道理大家都很明白，但是能够把梦想坚持下去的却寥寥无几。很多人都被淹没在了生活的长河之中，彼岸变得遥不可及。

来自乡村的一个年轻人去拜访著名诗人爱默生。这个年轻人说自己非常喜欢诗歌，在自己 7 岁的时候就已经开始创作诗歌了，但由于生活在闭塞的乡下，苦于无法得到名师的指点。素来仰慕大师已久，故前来拜访大师。

爱默生看到眼前的年轻人谈吐优雅、文质彬彬，于是非常热情地接待了他。在离开的时候，年轻人留下了自己创作的诗歌，希望大师能够指点一二。

爱默生看了年轻人的几页诗稿以后，感觉这个年轻人在文学上前途无量，于是他决定帮助年轻人成就自己的事业。

爱默生将年轻人的诗稿推荐给文学刊物，但发表后却反响平平。于是他写信鼓励年轻人不要气馁，并希望年轻人还要将自己的作品寄给他。就这样，他们两人开始了频繁地书信来往。

年轻人的每封信都洋洋洒洒写好几页，爱默生看到他的书信里面那些激情洋溢的文字，才思非常敏捷，爱默生更加肯定他一定会在写作事业上有所成就。在文学聚会上，爱默生大加赞赏年轻人的才华，在与朋友交谈的时候，也经常提起这个年轻人。因此，年轻人很快在文坛上享有了一些名气。

从此以后，这位年轻诗人却再也没有给爱默生寄过诗稿，而他的信却越写越长，奇思妙想也层出不穷。后来这个年轻人语气越来越傲慢，在信中竟开始以著名诗人自居。

“你的稿子为什么一直没有寄来呢？”爱默生问他。

“我正在创作一部长篇史诗。”青年诗人踌躇满志地回答。

“我感觉你的抒情诗写得非常有特色，为什么不坚持下去呢？”

“老是写那些小情诗有什么意思呢？要想成为一名大诗人，就必须写长篇史诗。”

“你认为写抒情诗很容易吗？”

“是的，我是一个大诗人，应该写一些大作品。”

“哦，那祝你走运！希望能尽早读到你的大作品。”

“不会等太久的。第一步我已经完成了，它很快会发表的。”

在一次文学聚会上，青年诗人高谈阔论，逢人便谈他的伟大作品。虽然他的作品还没有发表，甚至就是那几首由爱默

生推荐发表的小诗，也很少有人读过。他的谈吐让所有人都感觉到了他的才华与锋芒，他大出风头，让每个人都认为他必成大器。

后来青年诗人和爱默生的通信一直都没有间断，只是青年诗人再也没有提过他那部长篇史诗。他写的信也越来越短，语气中充满了沮丧。后来他在信中跟爱默生坦白，他已经很久没有写诗了，他提起的那部所谓的长篇史诗，只不过是他的空想罢了。

信的结尾还写道：“谢谢您对我的赞赏。周围的人都认为我很有才华，都认为我前途一片光明，我也这么认为。于是我想象着自己就是一个不可一世的大诗人了。可是在现实中，我

却一个字也写不出来。”

每个人都有自己的人生目标，但有的人并不是为了实现自己的人生目标而付诸行动。有些人只会沉浸在空想之中，只会耍嘴皮子，用嘴来描绘自己的胸怀壮志，却没有任何行动，在他们的嘴中，时机总是不成熟，总是缺乏条件，总是在冥思苦想如何才能有所成就。殊不知，没有行动，就一事无成啊！

眼睛上天堂，身体下地狱，欣赏最美的人生风景

经历过多少苦难，就可能收获多大的享受；经历最残酷的考验，才能看到最极致的风景，就像《我的前半生》里的罗子君，30 年前享尽人世间的繁华，后半生就被逼进最残酷的人生中，品尝人间最极致的苦，也欣赏到了人生最极致的风景。

只有站到山顶，你才能看到极致的风景

他出生于广东鹤山市，家庭普通，父母都是老实巴交的邮政职工。父母的身高都在一米七以上。因为遗传，他生下来就比同龄人高，这让他处处居高临下、傲气凌人。

因为父母工作调动的关系，他两岁时随父亲来到中国改革开放的窗口——深圳。

3 岁时，他就学会了拆解家里的电器，4 岁时非常顽皮，

经常把小朋友打得跪地求饶。他进幼儿园才一周，就成了园里令老师头疼的“刺儿头”。同学们都不喜欢他，人人对他避而远之。老师经常打电话给家长，让家长到学校去。

因为这，他已经没有什么朋友了，也找不到玩耍的乐趣，这成了他人生的一次挫折，于是他索性玩起了篮球。篮球不会说话，也只有篮球才是他唯一的朋友，他有什么快乐和忧愁的事，都会在运球的时候大声说出来。在他看来，那是很正常的事，但别人在背后却骂他神经病。

7 岁那年，他拜学校里在深圳最有名的体育老师为师学习篮球。

他没有朋友，但是他坚信自己一定能闯出一番天地。他对母亲信誓旦旦说：“妈妈，不出 10 年，你们就会看到我将成为中国篮球史上最有价值的球员！”

他的话在当时的家人看来，只是对自己毫无意义的安慰。因为那时的他没有任何让人羡慕的成就，家人也看不出他有什么潜力。

10 岁时，他身高已经有一米八。他始终没有放弃自己的梦想。他和几个爱好篮球的小伙伴组建了一支篮球队，取名叫“梦之队”。队伍组成后，他们就在老师的指导下开始了紧张的训练。

父亲看在眼里，高兴的是从儿子身上看到了未来美好的希望；担心的是他顽皮的儿子因为练球而荒废学业。

为了监督他学习，父亲不得不经常请假去学校偷偷看望他。

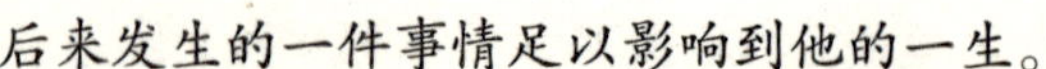

后来发生的一件事情足以影响到他的一生。

12 岁生日那天，父亲带他去游乐园玩。走到门口，父亲突然问他要不要到山顶去，因为那里的体育馆正在举行一场少年职业比赛。但是等观光车的人太多，等了很久还没位子，所以父亲突然提出抄近路走，这样时间还能快一点儿。

他很惊讶，这里哪有近路啊？他来过几次，从来就没有发现父亲所说的近路。父亲笑了，带着他拐了一个弯儿后指着一处陡坡说，近路就在这里。

“这里？”他愣住了。

父亲没有理他，抓住身边树上垂下的粗藤条，“嗖”的一下就翻上去了。他来了兴致，也学着父亲翻过去了。

几分钟后，他们走到了体育馆的前面。

父亲指着来的那条不是路的“路”，语重心长地对他说：“孩子，如果大家都去坐观光车，速度太慢了。就算坐上了，也会被别人远远甩在了后面。”父亲停了一下，目光看着远处起伏的山峦，继续说道，“既然都是到山顶，为什么我们不选择更快的方式呢？比如，前面有荆棘和陡坡，你也许会跌倒，但只要坚持，你总能比别人抢先到达，形成自己的优势，你说对不对？”父亲的话震撼了他。

回来后，他积极报名参加了深圳街头篮球赛。虽然第一轮就被淘汰了，但他没有灰心，而是与队友击掌发誓明年再来。

世有伯乐，然后有千里马。千里马常有，而伯乐不常有。回到家不久，深圳体校戴忆新教练突然登门拜访收徒。由于戴

忆新教练科学而系统的训练，他的球技进入了快车道。

2001 年，身高达两米二的他被选入了中国国家青年队，在 2005 年到 2006 年的比赛中，他以优异的成绩成了 CBA 史上最年轻最有价值球员，实现了自己对家人的承诺。

2007 年 8 月，他签约密尔沃基雄鹿队，成为继王治郅、巴特尔、姚明之后，第四位进军 NBA 的中国球员。他就是中国篮坛新一代“人气王”——易建联。

凭借血肉之躯，硬拼出属于自己的生机

这是一个充满竞争的世界。竞争是通用法则，植物为动物所吃，提供食物来源。但是有的植物为保护自己，会分泌出毒素。小动物成为大型食肉动物的食物来源，但是小动物为了生存，要么有坚硬的外壳，要么有非同一般的跑跳能力。这些外壳或者跑跳的能力能为弱小动物的生命安全提供最有限的保护。

存在即是合理。大自然的生物丰富多彩，种类繁多。它们之所以历经数百万年而不毁灭，就是因为它们有着独特的生存能力，而非我们人类理解的弱势群体。它们凭借着自己练就的本领硬拼出属于自己的生机，让生命在那一刹那间绽放光华。

人类是万物之灵，地球的主宰，高居于食物链的顶端，对于地球上的一切生物具有生杀予夺的大权和能力。可是，在人类的世界，同样存在着竞争。西方资本主义的本性是贪婪，为

了一己之私，对其他小国发动战争来掠夺资源，完全不顾人民的死活，把人民的子女送到前线充作炮灰。即使在和平时代，竞争的影子也是无处不在。人们为了生存，为了企业的生存，为了公司的生存，也是无所不用其极。竞争释放了人类的活力，但也破坏了人类的和谐，使得人类筋疲力尽。但凡九死一生闯过了竞争的险滩，前途基本就是一片光明。所以，挫折、失败是人生必经的一道坎儿。

1864 年 9 月 3 日这天深夜，瑞典首都斯德哥尔摩市郊一片寂静。突然爆发出“轰轰轰”一连串震耳欲聋的巨响，人们惊恐地看到熊熊的火苗直往上蹿，滚滚的浓烟霎时间冲上天空，仅仅几分钟时间，一场惨祸发生了。

当惊恐的人们和消防队员赶到出事现场时，只见原来屹立在这里的一座工厂已变成废墟，无情的大火烧毁了一切。

在废墟旁边站着一位 30 多岁的年轻人，面无血色，浑身不住地颤抖着。这突如其来的惨祸和过度的刺激已使他惊恐万状。

这个大难不死的年轻人就是后来闻名遐迩的大化学家诺贝尔。

诺贝尔眼睁睁地看着自己所创建的硝化甘油炸药的实验工厂化为灰烬。人们从瓦砾中找出了 5 具尸体，其中一个是他正在大学读书的、活泼可爱的小弟弟，另外 4 人也是和他朝夕相处的亲密的助手。烧得焦烂的 5 具尸体惨不忍睹。

得知小儿子惨死的噩耗，诺贝尔的母亲悲痛欲绝。年迈的

父亲因大受刺激而引起脑出血，从此半身瘫痪。这一切挫折令诺贝尔备受摧残。

惨案发生后，斯德哥尔摩警察当局立即封锁了出事现场，并严禁诺贝尔恢复自己的工厂。人们开始像躲避瘟神一样避开他，再也没有人愿意出租土地给这个“疯子”进行如此危险的试验。诺贝尔的事业受到巨大打击。

然而，诺贝尔在失败和巨大的痛苦面前却没有动摇。几天以后，有好事者发现，在远离斯德哥尔摩市区的马拉仑湖上，出现了一条巨大的平底驳船，驳船上并没有什么货物，而是摆

满了各种设备，一个年轻人正全神贯注地进行着神秘的试验。他就是在大爆炸后被当地居民赶走了的诺贝尔。

大难不死，必有后福。在令人心惊胆战的多次试验中，他发明了雷管。雷管的发明是爆炸学上的一项重大突破。诺贝尔没有连同他的驳船一起葬身鱼腹，他又在德国的汉堡等地建立了炸药公司。

由于雷管的发明，一时间，诺贝尔公司生产的炸药成了抢手货，源源不断的订货单从世界各地飞来，诺贝尔的财富迅猛暴涨。

任何事情都有两面性。老子说过：福兮祸之所倚，祸兮福之所伏。就在诺贝尔事业蒸蒸日上之时，不幸的消息接连不断地传来：运载炸药的火车因震荡，在旧金山发生爆炸，火车被炸得支离破碎；德国一家著名工厂因搬运硝化甘油时发生碰撞而爆炸，整个工厂和附近的民房变成了一片废墟；在巴拿马，一艘满载着硝化甘油的轮船在大西洋的航行途中，因颠簸引起爆炸，激起的巨浪使轮船葬身海底……

面对血腥的灾难和困境，诺贝尔没有被吓倒，更没有一蹶不振，在奋斗的路上，他已习惯了与死神朝夕相伴。他身上所具有的毅力和恒心，使他对已选定的目标义无反顾，砥砺前行。

正是因为诺贝尔具有顽强的精神，所以他在事业上取得了巨大成功，一生有专利发明355项。他用自己的巨额财富创立了享誉世界的诺贝尔奖，被人类视为至高无上的荣誉。

在现实生活中，我们也在像诺贝尔一样为人生的理想不懈

地奋斗，但遇到挫折和不幸时，我们普通人往往会选择放弃和退缩，那结果将一事无成。诺贝尔告诫我们："坚忍不拔的勇气是实现目标过程中不可缺少的条件！"

挫折会给人们带来实质性伤害，表现为失望、痛苦、沮丧不安等，易使人消极妥协。

一般来说，挫折情境越严重，挫折反应就越强烈；反之，挫折反应就轻微。正如巴尔扎克所说："世上的事情，永远不是绝对的，结果完全因人而异。苦难对于天才来说是一块垫脚石，对于能干的人是一笔财富，而对于弱者是一个万丈深渊。"

生活中既然要面对困难和挫折，那么怎样才能坚强呢？看看自然界的事物，不管在怎样恶劣的困境，都会顽强地生存。生存本身就是人生意义，生存就有希望。我们要相信自己是好人，一定比别人强，通过拼搏，肯定会活出自己的精彩。

努力拼搏，再苦再累，无所畏惧

很多人都羡慕花儿的芬芳，却不知道当初它的芽儿却浸满了奋斗的泪泉。冰心老人的这句话道出了深刻的人生哲理。今天人们依然羡慕成功人士衣着光鲜，坐宝马，开奔驰，却不知道他们在成功的背后吃尽了苦头。要知道，世界上没有人能随随便便成功。

有这样一瓶辣酱，每日销量130万瓶，年销售额40亿。

有这样一家公司，市值160亿，却仍旧不上市。有这样一位老奶奶，不曾上过一天学，大字不识几个，却能让全中国14亿人瞬间羞愧得面红耳赤。

她就是“老干妈”的创始人——陶华碧女士，她才是真正的“老干妈”。

1947年，她出生于一个偏僻的乡村。陶华碧不曾上过一天学，苦练三天也只会写自己的名字。20多岁的时候丈夫离世，带着两个年幼的儿子，陶华碧开始了看不到前头的打工生涯。

1989年，靠辛苦打工摆地摊儿存下来的一点儿钱，她亲自搬来一吨砖头砌成一个小餐馆，名为“实惠餐厅”，专门卖凉粉和冷面。为了让凉粉和冷面更好吃，陶华碧亲自制作辣椒酱用来拌面，生意火爆得不行。

每次来的顾客都会问一句“辣椒酱还有吗”，而若是没有辣椒酱，老顾客几乎很少光顾。

货车司机们的口头传播显然是最佳的广告形式。“龙洞堡老干妈辣椒”的名号在贵阳不胫而走，很多人甚至就是为了尝一尝她的辣椒酱，专程从市区开车来公干院大门外的“实惠饭店”购买陶华碧的辣椒酱。辣椒酱的系列产品开始成为这家小店的主营产品，辣椒酱供不应求。

让陶华碧办厂的呼声越来越高，以至于受其照顾的学生都参与到游说“干妈”的行动中。1996年8月，陶华碧借用南明区云关村村委会的两间房子办起了辣椒酱加工厂，牌子就叫“老干妈”。

无论是收购农民的辣椒，还是把辣椒酱卖给经销商，陶华碧永远是现款现货。“我从不欠别人一分钱，别人也不能欠我一分钱。”从第一次买玻璃瓶的几十元钱，到现在日销售额过千万，她始终坚持现款现货。

如今，“老干妈”已经成为一个年销量40亿的大公司，每年光向政府缴纳的税额就高达18亿，每年用来制作辣椒酱的辣椒高达1.2万吨，养活了不下800万户农民。

更重要的是，老干妈从来不打广告，从来只靠味道说话。她在行业里没有一个对手，而且每年拿3 000万出来打假，与湖南某一老干妈厂就打了3年的官司。后来陶华碧吸取教训，注册了114个商标。一个大字不识的农妇，靠自己的勤勤恳恳创下了160亿的商业帝国，想想都让人觉得不可思议。

“老干妈”陶华碧女士没有什么背景，也没有什么文化，那么她为什么能成功呢？因为。她认定目标，有爱心，做得多，说得少，真诚待人，再苦再累，始终真正把客户当作上帝，从不要“精明”，大智若愚，而且努力打拼，最终成就了自己。

挫折可以吞没弱者，也可以成就强者

美国的大作家怀特曾说：“在一个人的生命里，有时候失败、内疚和悲伤会让人绝望，只要你不退缩，你就会爬起来，选择新的生活。”

人生在世难免会遇到各种坎坷，哪怕你深陷泥潭，只要你心存希望，不管遇到什么难题，就一定会找到解决的办法。只要勇敢地争斗，随时会有奇迹出现。

1920年10月的一个深夜，在英国斯特兰腊尔西岸的布里斯托尔湾的海洋上行驶着有一艘叫作“洛瓦号”的小汽船，它一共承载着104名乘客，不幸的是，它和一艘将近是它十一倍的航班船发生了激烈的碰撞而沉没。其中，船上的11名乘务员和14名旅客不知所踪。

这次事故的一位幸存者——弗朗哥·马金纳——艾莉森国际保险公司的督察官，在船沉没的过程中，被抛到了海中。当时情况紧急，从被抛入海水开始，他就一直和凶猛的海水做着斗争。在他周围，同样有几名落水者也在奋力拼搏、呼救。

慢慢地，周围的呼救声小了下来，像是所有人都被海水吞没了一样。

这时候马金纳全身一点儿力气也没有了，他打算放弃挣扎。可就在这时候，一个嘹亮、热情而坚定的女子的歌声响起来了。马金纳被这歌声所感动，他觉得浑身充满了力量，于是重新鼓足了勇气，游向了歌声飘来的方向……

最终，马金纳游到了唱歌的女子身边，他看到她和另外几个女人正抱着一根圆木头漂浮在海上。大家都说，是被这个姑娘坚定、高雅的歌声所鼓舞，让她们在寒冷的海水中没有放弃生存的希望。也正是那位姑娘的歌声引来了救生艇，马金纳、唱歌的姑娘和其他人都被救了。

在这个世界上历来就不存在真正的绝境，存在的只有绝望的思维，只要我们从不放弃，就一定会击败一切困难。面对挫折，只要不绝望，就可以找到出路，战胜挫折；对于那些一遇到挫折就开始失望甚至绝望的人，就算把希望放在他面前，他也会视而不见。

心存希望是一种乐观的态度，人生要心存希望，否则就像干涸了的河水。每天给自己一个希望，你才不会感到绝望，甚至还会因此生出更多的希望。希望和绝望只不过就是看你怎样想，站在高山下感叹的人内心会被绝望填满，而努力向上登高的人的内心则总是被希望填满。

每个人的生命只有一次，活着就是一件很幸运的事情。我们的人生中会出现无数种可能，面对挫折和苦难，只要我们有积极的心态，懂得珍惜，就一定不会轻易放手，因为只要还有希望，我们就会坚信自己能够坚强地继续生活！